由南京大学郑钢基金资助出版

折射集
prisma

照亮存在之遮蔽

Louis Althusser

Olivier Corpet
Yann Moulier Boutang

Des rêves d'angoisse sans fin
Récits de rêves (1941-1967)
suivi de *Un meurtre à deux* (1985)

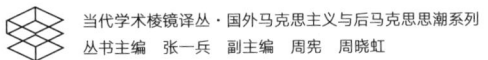

当代学术棱镜译丛·国外马克思主义与后马克思思潮系列
丛书主编 张一兵 副主编 周宪 周晓虹

〔法〕路易·阿尔都塞 著
〔法〕奥利维耶·科尔佩 编
〔法〕扬·穆利耶·布唐
曹天羽 译

无尽的焦虑之梦

梦的记录（1941—1967）

附《一桩两人共谋的凶杀案》（1985）

南京大学出版社

《当代学术棱镜译丛》总序

自晚清曾文正创制造局,开译介西学著作风气以来,西学翻译蔚为大观。百多年前,梁启超奋力呼吁:"国家欲自强,以多译西书为本;学子欲自立,以多读西书为功。"时至今日,此种激进吁求已不再迫切,但他所言西学著述"今之所译,直九牛之一毛耳",却仍是事实。世纪之交,面对现代化的宏业,有选择地译介国外学术著作,更是学界和出版界不可推诿的任务。基于这一认识,我们隆重推出"当代学术棱镜译丛",在林林总总的国外学术书中遴选有价值篇什翻译出版。

王国维直言:"中西二学,盛则俱盛,衰则俱衰,风气既开,互相推助。"所言极是!今日之中国已迥异于一个世纪以前,文化间交往日趋频繁,"风气既开"无须赘言,中外学术"互相推助"更是不争的事实。当今世界,知识更新愈加迅猛,文化交往愈加深广。全球化和本土化两极互动,构成了这个时代的文化动脉。一方面,经济的全球化加速了文化上的交往互动;另一方面,文化的民族自觉日益高涨。于是,学术的本土化迫在眉睫。虽说"学问之事,本无中西"(王国维语),但"我们"与"他者"的身份及其知识政治却不容回避。但学术的本土化绝非闭关自守,不但知己,亦要知彼。这套丛书的立意正在这里。

"棱镜"本是物理学上的术语,意指复合光透过"棱镜"便分解成光谱。丛书所以取名"当代学术棱镜译丛",意在透过所选篇什,折射出国外知识界的历史面貌和当代进展,并反映出选编者的理解和匠心,进而实现"他山之石,可以攻玉"的目标。

本丛书所选书目大抵有两个中心:其一,选目集中在国外学术界新近的发展,尽力揭橥域外学术20世纪90年代以来的最新趋向和热点问题;其二,不忘拾遗补阙,将一些重要的尚未译成中文的国外学术著述囊括其内。

众人拾柴火焰高。译介学术是一项崇高而又艰苦的事业,我们真诚地希望更多有识之士参与这项事业,使之为中国的现代化和学术本土化做出贡献。

丛书编委会
2000 年秋于南京大学

目 录

1 / 前　言

1 / 关于本版的注解

1 / 开场　梦总是领先于生活

11 / 一　　1941 年　坐潜艇旅行

17 / 二　　1944 年　熟透的桃子

21 / 三　　1945 年　牧场的梦

25 / 四　　1947 年　死人复活

31 / 五　　1949 年至 1950 年　反抗的女人

45 / 六　　1956 年　喉咙里的木鞋声

59 / 七　　1957 年　鸟笼

63 / 八　　1958 年　梦的味道

67 / 九　　1962 年　贪小便宜的人

77 / 十　　1963 年　关于灰的梦

89 / 十一　1964 年

91/   a. 寻找真正的父亲

105/   b. 家庭生活

135/   c. 预兆性的梦

143/ 十二   **1967 年   一个关键的梦**

147/ 十三   无日期   梦到了激烈的性爱

151/ 收场   一桩两人共谋的凶杀案   阿尔都塞假托主治医生之名写下的笔记(1985)

167/ 致   谢

169/ 路易·阿尔都塞著作表(部分)

171/ 译名对照表

177/ 译后记

前　言

阿尔都塞是个多梦的人。1947 年 9 月，就在与埃莱娜（Hélène）相识不久，他给这位当时的伴侣、将来的妻子写了最早的一些信。① 在其中的一封信中，他写道："我做了一堆这样的梦，但我没全记下来，太多了。"他先讲了一个自己觉着有点"好笑"的梦，但他紧接着吐露的梦就一点都不好笑了：他梦到了死去的朋友。他还假装轻松地说："我不知道这个梦是好是坏……"② 实际上，就如他之后对埃莱娜坦承的那样，他的梦大多是"可怖的噩梦"③。过了些日子，在度过了完美的一天后，他次日就给埃莱娜写信："大概是白天过得太舒坦了，一到夜里，我的无意识就肆虐起来：好多的噩梦……"④

---

① 路易·阿尔都塞，《致埃莱娜》，巴黎：格拉塞出版社/当代出版纪念研究所，2011 年，第 76 页。
② 同上，第 87 页。
③ 同上，第 465 页。
④ 同上，第 470 页。

这么多的梦、可怖的梦,阿尔都塞多少用笔甚至打字机保留了一些线索。他的文档中保存了许多1947年至1967年间的文稿,其中既夹杂着梦的记录,又有其他一些记述了他与情人[主要是埃莱娜、克莱尔(Claire)和弗兰卡(Franca)]、亲友[尤其是1985年春天他写作《来日方长》(*L'avenir dure longtemps*)那时的],以及与几位分析师的关系的"日记"片段。那是一部东拉西扯、随意拼凑的日记,而他有意地把记录梦的文档与这些日记片段混在了一起。

本书的成书颇为复杂,我们得先讲清楚出版它的理由和原则。为何要专门出版一本讲某位哲学家的梦境的书?为何要在此时出版?

回答第一个问题不难:在阿尔都塞留下的文档里,有一些题为"梦"的文件夹,其中保存着一系列梦的记录。并且我们确信,在1985年动笔写自传《来日方长》之前,他重读了至少一部分相关的记录。

还有一些梦的记录则散落于他与某些关系亲密的女人的许多通信中,而其中大部分就来自他在1955年至1962年间写给克莱尔的无数书信。他在这些信中小心地保存了梦的线索。不过,克莱尔为了不让他们的关系过于鲁莽,避免被早已嫉妒的丈夫撞见,就把阿尔都塞的信都退回了。如今他们之间的全部通信就保存在阿尔都塞的文库里。本书的第一部分("开场")表明了,阿尔都塞就是在和克莱尔的通信里,初步发展出了**"总是领先于生活的"梦的理论**。他指出:"生活总是验证着梦早就察觉了和总结了的东西。"这样我们就能理解,为何他反复请求克莱尔也讲讲自己的梦。他在1958年2月18日给克莱尔的信中写道:

再讲讲你的梦吧,克莱尔,你给我讲的那两个太有意思了。根据这些梦,我就可以告诉你好多关于你的事——为此,我想说,为了不讲得过于武断,你得再告诉我几个别的梦才好。

梦的确有着令人惊讶的语言(我相信你的梦也常让你诧异)(它们竟与你的人生息息相关)(至少在某些你看不到或是不敢靠近去看的生活的方面)(你知道:有时候,某些想法就像火焰,为了让生活被照亮,就必须让它们燃烧起来。但不能触碰它们,不然手就要被烫伤啦——至少我们就是这样**说服**自己的:免得烫着手。但这些想法在大多数情况下是无害的。要说它们危险,我们只不过是害怕把火焰捧在手上或是贴近脸前)。

总之,讲讲你的梦吧,克莱尔。你用不着怕它们,也用不着怕我(对此你是有经验的:你已经大胆地对我吐露过一些梦了),如果你再给我讲一些别的梦,我相信这能在你的人生中帮上大忙。

本书开篇就是一封阿尔都塞写给克莱尔的长信,在信中,他解析了克莱尔在来信里告诉他的两个梦。当时,他的书架上有关释梦的书,只有夏尔·博杜安(Charles Baudoin)的《释梦导论》(*Introduction à l'analyse des rêves*,白山出版社,1945 年在日内瓦和上萨瓦省的阿讷马斯出版)。很显然,他读过这本书,给一些段落画了重点。他是什么时候批注了这本书呢?我们没有确定的答案,但极有可能就在他开始评论克莱尔的梦的时候。

1967 年,他入手了法国大学出版社同年出版的两本弗洛伊德

(Sigmund Freud)的书，一本是《精神分析的技艺》(*La Technique psychanalytique*)，还有一本更重要的《梦的解析》(*L'Interprétation des rêves*)。后者是 I. 梅耶森(I. Meyerson)的版本，其中加入了丹尼丝·贝尔热(Denise Berger)的评注。这两本书的白边上都留下了他的阅读痕迹(画重点的段落)。在这之前，他还于 1964 年入手了德国浪漫派作家让·保罗(Jean Paul)的《梦的选择》(*Choix de rêves*，柯尔提出版社)。

有意思的是，得等到 26 年后的 1984 年，在对自己 1964 年 8 月的人生关键时期的审视中，阿尔都塞才又开始了对梦的研究。

他把自己最惊人的梦的记录中的一份，交给了他的分析师勒内·迪亚特金(René Diatkine)。这些梦的再发现只是个偶然。因为据他自己说，这个文本是在位于吕西安-洛文街的他最后住的公寓的一间屋子，也就是被他称作"埃莱娜的卧室"的那间屋子里找到的，他在那里小心地保存了一些最私密的文稿。他的朋友费尔南达·纳瓦罗(Fernanda Navarro)在那里找到了他 1964 年 8 月 10 日和 11 日两天的梦的记录，并把它们交付于他。为了发现其中"先兆性的"内容，他自己用蓝水笔画出了一些段落。

等纳瓦罗回到墨西哥后，他又两次给她写信，谈论了对这些梦的重读。1984 年 6 月 10 日，他写道："你找到的那篇用打字机打出来的梦的记录，好像过于让迪亚特金感兴趣了……"这个"好像过于"是否暗示 1964 年那段时期具有决定性？还是暗示迪亚特金根据这些梦，开始怀疑阿尔都塞与他的伴侣，也就是埃莱娜之间的关系出了问题？还是说，阿尔都塞对此有着自己的解读？第二天，他又在给纳瓦罗的信中谈到了这件事:"这个发现太令人震撼了:你所找到的那篇1964年的梦的记录,包含了一个惊人的预兆:梦里我的母亲被杀害了,我扼死了她。① D(迪亚特金)和我努力地研究着梦中的无意识冲动,这导致了那场悲剧。现在我相信,我和他的合作更顺利,成果也更丰富了。这多亏了你……"②

1990年11月,就在阿尔都塞离世的次日,纳瓦罗用西班牙语在墨西哥期刊《每周旅程》上发表了8月10日的那个梦。

我们有意不在《来日方长》的第一版中附上这个梦,以及其他一些与自传手稿同时发现的文件,是为了避免可能的过度解读。1994年,也就是两年之后,我们出版了自传的袖珍本,其中的资料集收录了1964年8月10日、11日和12日的梦,与其他一些未曾出版的《来日方长》中的片段、自传性质的文本,以及一些阿尔都塞与埃莱娜的通信摘录放在一起。让我们惊讶的是,尽管这些资料占据了全书三分之一以上的篇幅,却并没有引起太大的反响。要知道,第一版的《来日方长》收获了大量的书评。

本书中的文本主要是依照时间顺序整理的。60年代初以前的记录是"粗糙的",然而在1964年,这个阿尔都塞人生中的关键点或转折点后,记录就无疑贯穿了许多结合了精神分析学理论和

---

① 我们注意到,阿尔都塞在这里犯了一个笔误。其实在原本的文本中,他最早是想"杀死妹妹",而不是"母亲"。

② 路易·阿尔都塞,《论哲学》,巴黎:伽利玛出版社,"无限"文丛,1994年,第93页。

精妙分析的思考。也正是在 1964 年，他更换了精神分析师，让勒内·迪亚特金替代了洛朗·斯泰弗南（Laurent Stévenin），之后再也没有离开过前者。

我们保留了全部可辨识的记录，只删去了一小部分过于含蓄和散碎的文本。

我们同样也在深思熟虑后决定，把那些确切地说不属于梦的记录的文本排除在外，哪怕阿尔都塞把它们和梦整理在了一起。我们不能确定阿尔都塞是有意地把这些文本放在一起，还是在几次整理文件的时候，把这些纸张偶然地收纳到了同样的地方。我们尤其考虑到，相对而言，这些文本是散乱的（比如某段写给迪亚特金的笔记，我们不知道它有没有被寄出去；再比如某封写给不知名收件人的信的副本，其中既谈论了理财问题、位于戈尔德的度假小屋的施工问题，也谈论了他与埃莱娜之间的冲突）。我们担心，这些与梦的记录性质不同的文本，终将损害本书的一致性。

我们之所以要把这位哲学家的梦整理出来，首先是因为我们希望可以借助对这些梦的解读，进入他的无意识；并且我们早就明白，这位哲学家拥有远胜于常人的洞察力。同时，本雅明的《梦》（*Rêves*，漫步者出版社，2009 年）的出版，也向我们揭示了本雅明的思考理路，尤其是其中的"独立的梦的理论"，独立于弗洛伊德的理论，不再把梦看作欲望的满足。

在阿尔都塞这里，梦的解读必然会受到他人生中的一件大事的影响：1980 年 11 月，他扼死了妻子。本书的梦都发生在这命运般的一日之前，我们解读的时候，难免会在其中寻找这一悲剧事件的先兆，就好像是在寻找它的预告一样。然而，最好不要带有此种倾向，不要把梦都看作先兆和预告（除了1964年8月10日的一个明显是先兆的梦以外），也不要只把它们看成作者人生中最私密的无意识妄想的梦的表达。

因此，在阿尔都塞这里，关键的是要在阅读这些梦的同时阅读他的传记，包括扬·穆利耶·布唐（Yann Moulier Boutang）已经完成的《神话的形成（1918—1956）》①所涉及的那段时期，以及这部传记的完整出版将会涉及的那段时期，即直到阿尔都塞逝世乃至他逝世之后的时期。

我们也认为，出版这些梦的笔记，将给读者一个机会，像阅读《致弗兰卡》（Lettres à Franca）以及《致埃莱娜》（Lettres à Hélène）一样，通过阅读梦这样一种生活的片段，重新认识阿尔都塞的人生历程。最后我们要说，此次出版的梦的记录仍然"满是漏洞"，所以读者一定要以传记中记载的事件补全本书残漏的地方。

阿尔都塞对于梦的记录在1964年后显著减少，这无疑是因为他的健康问题。是不是经过了十五年的多种治疗，"塞了"越来越多的药物，更换了药疗方案，同时也更换了精神分析师之后，病情越来越重的他已经没有余力和意图去记录自己的梦境了呢？在1969年的一封信里，他对埃莱娜倾诉：

> 与我的无意识之间的关系没有一刻的喘息机会。我做了好多可怕的梦，逼真得像幻觉一样。有一个晚上，我

---

① 扬·穆利耶·布唐，《阿尔都塞传》，巴黎，格拉塞出版社，1992年；2002年在袖珍书出版社分为两卷再版。

打了母亲,还和父亲产生了争执。昨天晚上,我做了一个与妮科尔有关的噩梦。这是个好兆头,因为这些梦都有着全新的主题。但它们太粗暴了。①

他在1967年5月1日写给弗兰卡的信中说道,他已经对精神分析师吐露了一个"关键性的梦",并为此焦虑万分。这种焦虑与无数个充斥着骇人噩梦的夜晚把他撕得粉碎。是不是就在这之后,他决定不再向其他人倾诉梦境了呢?这是第一种猜想。又或者,他在1967至1980年这段时间内确实没有记录任何梦,甚至有意抹去了与这些梦有关的蛛丝马迹呢?这是第二种猜想,不过可能性较低。

尽管有过一些疑虑,但我们还是决定在本书的末尾处附上一篇被我们题为《一桩两人共谋的凶杀案》(*Un meurtre à deux*)的短文。考虑到这篇文本十分重要,尽管成文背景还有待考据,我们还是依据自己的理解添加了一个副标题:《路易·阿尔都塞假托精神病主治医师之名写就的笔记》(«Note attribuée par Louis Althusser à son psychiatre traitant»)。这篇由打字机打出来的文本,是被我们称作《〈来日方长〉的写作日记》的一部分。后者是阿尔都塞在1985年3月或4月所做的一系列笔记,其中包括他与朋友就埃莱娜遇害这件事多次讨论的内容,以及他关于自传的写作计划。而这篇文本就接着出现在了前两部分的文字之后。

我们还找到了他与勃勒东神父(Père Breton)、米歇尔·鲁瓦

---

① 《致埃莱娜》,第535页。

(Michelle Loi)、埃莱娜·伊欧安尼迪(Hélène Ioannidi)、索朗热·特鲁瓦西耶(Solange Troisier)、勒内·迪亚特金以及艾蒂安·巴利巴尔(Etienne Balibar)的谈话笔记。这些笔记都是用打字机誊录过的，篇幅不一，短的只有一页，长的有三页。所有的笔记中只有一篇比较完整，即他与于尔(Uhl)医生的讨论结果。后者是苏瓦西活水精神病院的精神病医师，这所医院曾多次收治阿尔都塞。阿尔都塞用打字机誊录了这些笔记，并整理成了一份长达十一页的文件。他用五个书钉在页眉处把这些纸张装订起来，让它看上去好像是一份内容详尽的、由医生的话整理而成的报告。文章的开头用很大的篇幅描述了阿尔都塞被噩梦折磨的幻觉现象，这些梦被形容成"无尽的焦虑之梦"；随后又描述了他在苏瓦西的举止、他与医护人员以及其他病人的关系；接着又讨论了凶杀案发生时他与埃莱娜的关系，并发展出了"两人共谋"的结论。最后，他介绍了自己的写作计划，表示将写一本书来解释发生的一切，以此脱离"失踪"的状态，并给自己的精神分析画上句号。"两人共谋"，这个结论在动机上很可疑，毕竟这看上去太像自我开罪的托词。人们不得不怀疑，最后收治阿尔都塞的医生，是否草率地就得出了一个最终有利于其病患的结论；又或者，阿尔都塞假借医生之口，讲了一些后者没有讲过的话……

这种疑虑是有道理的。我们发现，阿尔都塞保留了他与于尔医生的所谓谈话的原始笔记，共十二页。他把它们用书钉装订了，就像那份用打字机誊录的笔记一样。把这两份笔记对读，就会看出，原始笔记中的"我"，在打印出来的笔记里，一概被替换成了"你"。举个例子，在手写的笔记中有一段话："有一天我问 M 女士——现在我还会不会复发(对女宾)？我的恐惧在无意识中传递给了护士们,她们都很怕(我),害怕与我独处,等等。"这段话在打印的笔记里变成了："有一天你问 M 女士——现在你还会不会复发(对女宾)？你的恐惧在无意识中传递给了护士们,她们都很怕你,害怕与你独处,等等。"文本里所有的"我"都变成了"你",没有被打字机删除的"我"在文中显得像笔误一样。我们还要问,为什么阿尔都塞在写下笔记的时候,要一股脑地把于尔医生口中的"你"都变成"我"(于尔医生肯定不会说"我")。简而言之,这一"谜题"导致我们怀疑：这篇文本是阿尔都塞假托其主治医师之名写就的。很有可能,这篇文本,包括其中明确作者为于尔医生的部分,从头到尾都是阿尔都塞一个人的想法(有可能只是运用了阿尔都塞常常使用的"事后"的概念)。

还要说的是,在打印的笔记中,笔记的日期被明确标为 1985 年 4 月 14 日。然而,根据阿尔都塞的活动计划,4 月 14 日是周日,记录在案的唯一一场会晤的对象是勃勒东神父。在 5 月 17 日下午 2 点以前,他没有登记任何与于尔的会晤。虽然这不能算作证据,但依然暗示了这场谈话以及整篇笔记都是阿尔都塞虚构出来的。但这篇文本的意义并不会因此损失分毫。因为在这些文件的帮助下,我们可以更好地理解,是怎样的悲剧故事促使阿尔都塞最终犯下了不可挽回的错误。但不该让于尔医生对这些分析负责。

我们已经根据当代出版纪念研究所特别保存的阿尔都塞文库出版了一系列书,本书无疑将是其中的最后一本。这一系列的书包括《来日方长》、《战俘日记》(*Journal de captivité*)、《精神分析论集》(*Ecrits sur la psychanalyse*)、两卷《哲学与政治文集》(*Ecrits* philosophiques et politiques）、《致弗兰卡》（与斯多克出版社合作出版）以及《致埃莱娜》（与格拉塞出版社合作出版）。本书的出版的确可以被视作一系列文献整理工作的完结，但这份工作不仅限于以上列举的书籍，还有出版于其他出版社的书，比如《论哲学》（Sur la philosophie，伽利玛出版社，"无限"文丛，1994 年），以及其他一些出版于法国大学出版社的文本［比如 1998 年出版的《马基雅维利的孤独》(Solitude de Machiavel)，还有 2013 年新近出版的《写给非哲学家的哲学入门》(Initiation à la philosophie pour les non-philosophes)］；还有一些课堂笔记，比如色伊出版社 2006 年出版的《政治与历史：从马基雅维利到马克思》(Politique et histoire de Machiavel à Marx)，或者马努基乌斯出版社于 2008 年出版的《论"社会契约"》(Sur le Contrat social)；还有一部文集：塔兰蒂耶出版社于 2009 年出版的《马基雅维利和我们》(Machiavel et nous)……列举这些书是为了说明，在《来日方长》这本重要的自传出版后，还有一系列阿尔都塞的书被整理了出来，读者可在书后的"作者的其他作品"中找到名单。还要说明的是，阿尔都塞生前出版的所有著作，几乎都被再版了，并换上了当代人所写的前言，尤其是著名的《保卫马克思》(Pour Marx)与《阅读〈资本论〉》(Lire «Le Capital»)。还未再版的书有《不能在共产党内继续下去的事情》(Ce qui ne peut plus durer dans le PCF)、《列宁和哲学》(Lénine et la philosophie)、《二十二大》(XXXIIe Congrès)以及《答约翰·刘易斯》(Réponse à John Lewis)，这些书无疑都会很快再版。还有一些手稿，比如《黑色的母牛》(Les Vaches noires)，曾出于私人或政治原因没有出版，如今都可以出版了。

阿尔都塞的作品，等到其身后才出人意料地百花齐放，是为了避免让他在1990年去世以前陷入更加难堪的境地，尽管当时距他扼死妻子埃莱娜已经过去了十年。在他的自传得以出版之后，如今已经不需要由外国出版社，继续出版阿尔都塞生前未出版的许多作品了，而且来自各个领域的研究者都热切期待着这些资料的出版。为什么在阿尔都塞离世30年后，他的作品依然有着经久不息的生命力呢？原因有很多：他的文库保存了大量文稿，其中绝大多数都对全世界的研究者开放；他的继承人有一颗罕见的慷慨的心，并在当代出版纪念研究所的帮助下，长久地支持着这些文稿的整理与出版；他的作品内容丰富、思想有力，即便是其中的矛盾都与当代的重大论题息息相关，并给这些哲学问题提供了一个非常犀利的批判视角；最后也是因为，这位犯了凶杀案的哲学家，他在历史上独一无二的特殊命运，既吸引着人们，又让人困惑不已。

最后还有一个比较平常的原因。在开始冒险地出版这一系列阿尔都塞的著作，并决定以《来日方长》为第一本的时候，我们就设想：这本特别的书，或许可以让我们以一个更大的视角去一窥阿尔都塞研究的全貌，通过这一系列在作者离世之后出版的作品，人们可以展开更多的研究。《来日方长》就是这一切的起点，对阿尔都塞的研究不该没有它，但也不能仅限于它。这个最初的决定很快就开花结果了，看看阿尔都塞研究的现状便可知：这位我们时代伟大的哲学家，他的作品永远是当下的、充满活力的。

奥利维耶·科尔佩

关于本版的注解

在绝大多数情况下，本书的拼写以及标点都与原文本一致。我们也尽可能地保留了那些缺少大写或标点的句子，因为这样的句子出现得太过频繁，显然不是粗心所致。我们纠正了印刷错误，并在必要的地方加上了有助于阅读的标点。斜体①的部分意味着原文被阿尔都塞标注了，或是在印刷文稿中标注了下划线，或是在手稿中标注了单线。既标注了下划线又为斜体②的部分，对应着在原文里或是印刷文稿中，既被打字机标注，也被手写标注的段落，或是手稿里被用两条或多条划线标注的段落。

为了文本的可读性，我们用完整的单词替换了通用的缩写：用"经常"替换了"svt"，用"难题"替代"pb"，用"在……里面"替代"dans"，等等。同样，数字的缩写也用完整的单词替代：用"第一"

---

① 译文中改为黑体。——译者注
② 译文中改为黑体加着重号。——译者注

替代"1ᵉʳ",用"第二"替代"2ⁿᵈ",等等。我们保留了阿尔都塞对埃莱娜的缩写"H"。

阿尔都塞根据日期把这些梦整理分组了,而我们则给每一组梦都添加了一个标题。

除非有特殊说明,所有的注解都为编辑所加。

我们还附上了某些梦的笔记的照片,那些非常不同的笔迹可以展示出阿尔都塞不同阶段的心理状态。我们认为这是有用的。

本书使用的资料来自当代出版纪念研究所/阿登修道院(www.imecarchives.com)保存的阿尔都塞文库。这些资料对所有研究者开放。

开　场
梦总是领先于生活

解读克莱尔的两个梦

《致克莱尔》(1958 年 2 月)

［用打字机写给克莱尔的信，1958 年 2 月 22 日。］

1958 年 2 月 22 日　周六　下午 4 点 30 分

亲爱的，

你的梦①。

关于朱莉②的梦。

我在你面前，和 J（朱莉）亲热：这个梦表达了你的一些想法，一个肯定藏得很深的愿望，尽管我还不清楚这个愿望的源头是什么。你自己也不明白。但我肯定能比你更早地找到它的源头（隐蔽的意义总是最后才向本人揭示）。其中无疑有着从前你对我讲的一些色情主题对你的诱惑，尽管你还告诉我，你一直在抵御这些诱惑，你说："我还不到年龄呢……"这些主题无疑也意味着：你陷进这些情欲游戏，是因为它是你我之间在感官上的最激烈的联系。

---

① 下文摘自克莱尔于 1958 年 2 月 16 日手写给阿尔都塞的信：
"……之后我就做了一些梦，有一些关于你的梦。在其中的一个梦中，我梦到了你和朱莉做……，但我在其中却很模糊。朱莉在许多地方都丑极了（她在现实中可一点都不丑），这让我对你感到恶心；然后我借给了你一间属于我的屋子，你却糟蹋了这间屋子（甚至连屋顶漏水都不管），还接待了许多讨厌的年轻人，把我的屋子变成了一处匪窝。某次拜访时，我见到了这一切，就穿上了大衣，与你永别。你哭了，我也哭了，因为我们都明白，我们已经共度了多么甜蜜的时光（我们在现实中度过的时光），虽然这次争吵只是出于情绪发作，但我们就要因此彻底地分手了。我们站在悬崖边，绝望地看着我们的爱情毁于一旦，却无力挽回。"
"我好希望，当你梦到我的时候，都是在做美梦……"
② 身份不明。

我相信这才是这些画面的最重要的主题。但要注意,梦中的人物并不一定是**真实**的人物。也就是说,J(朱莉)与我,不只是J(朱莉)与我,也可以是其他任何可能的人。这样我们就可以得出一个谨慎但又十分确切的结论:这个主题表达了你的一个埋得很深的**愿望**,即通过**剧烈**的情欲和感官联系,与一个男人联结。并且你觉得,这种剧烈的联结,**应该**通过这个男人的情欲活动的**景观**传递。这是第一点。你也承认,在这个男人的情欲活动的"景观"中,你对视觉距离的强烈需求得到了**再现**和具体化:在离你很远的地方,观看你最珍重的东西。不仅是要实现你的欲望,还要**看着**它,这样你才能确定它的质量和程度;我想说,确定你的欲望的**对象**(也就是这个在你的注视下进行性事的男人)的质量和程度。(我对你的欲望深沉地回应了你的这个愿望:我想看着你从远处的巨大空间,或许是花园、宫殿、海滩——或者简单地说——生活,向我走来。)

这就是第一点。

但这个梦里也有别的东西,其中正有第一个欲望的**对立面**。在梦的叙事里,J(朱莉)在"许多地方"都变得很丑陋("她在现实中可一点都不丑",你写道)。这种突兀的丑陋外表让你对我感到恶心。我说过,这就是第一个欲望的对立面,或至少也是第一个欲望的**一部分**。实际上,在你的梦里就有对第一个欲望的**批判**,至少是它在梦中的**形式**上的批判。你的梦批判了视觉情景,批判了"景观",批判了"距离"。J(朱莉)变得很丑,因为你遮掩、抗拒着你制造出来的图像,就好像走到了你的愿望的对立面。她在图像里(第一个欲望),但梦同时又把她表现得像是**不该在那里**。梦是一种生活的**经验**(有点像梦以外的其他经验,只不过在其他的经验中,你是在生活里给自己的欲望赋予了躯体与面容),梦给你提供了这种经验的结果:J(朱莉)很丑,因为经验里本不该有她,她就不该被引入你的经验中。这个梦清楚地向你描述了你困惑的意识,说明了**你在无意识中确信**:通过视觉**形式**(在远处观看抽象的理念模型)来实现自己最深层次的欲望(以最色情的方式与一个男人结合)是矛盾的,不完全可取的,注定要消散(变得丑陋)和失败的。这种无意识的确信包括了另一个观念:这场失败让你觉得那个与你产生联结的男人很"恶心"。这意味着你认为,或者说,你**害怕**,你会对这段经验所结合的、那个在"景观"形式中被你投射了**这种矛盾欲望的男人**,感到**失望**(甚至恶心)。

  我相信这个梦非常重要,因为它见证了一个关于你的重大真相正在你的思想里**逐渐成形**。这个真相就是:你意识到了你最深层次的欲望,也就是通过与一个男人结合而获得幸福的欲望,它的"景观"形式有着矛盾的性质。当我说"逐渐成形"以及"意识到"的时候,我想说的就是**梦**,也就是梦在你思想中的区域,梦的活动区,在那里梦的力量涌动着;这些区域比清醒的意识的区域埋得更深,最终决定着你的清醒的意识以及你有意识的生活。**梦总是领先于生活**:这是绝对的真理,就像二二得四一样确凿。也就是说,生活**总是验证着**梦早就察觉并总结了的东西。所以我说这个梦非常重要。因为它揭示了,在你的意识深处,有一些东西正在变化。我并不想扮演一位先知,是你,通过你的梦,成为你自己的先知。

  另一个梦:破败的屋子。
  它与第一个梦差不多。

你借给我一间"**属于你**"的屋子。第一个明显的事实：你说你借给我一间屋子，然而在现实中，你**没有真正属于你的房产**。你"没有家"。然而在梦中，你"拥有"一间屋子，一间显然属于你的屋子，并且它只属于你一个人。很明显，这个简单的细节表达了你的一个愿望：你深切地想拥有一间属于你的屋子。一间屋子可不只是房产而已，它是被房屋封闭、遮蔽和保护起来的全部生活，也是被房屋所**允许**的全部生活。也就是说，一个属于你的生活，只有你可以摆布它、命令它、为它定规则、做决定。你想获得自身的独立。你希望再也没有人可以对你发号施令（想想你对生活的希望中，所有与房屋有关的主题的回响；想想韦尔农①；想想你在遥远的记忆中才有过的生活乐趣，一种几乎是小孩子式的乐趣：想象布置一间屋子，或者没有屋子，房间也行，一间属于你的房间，你可以把别人强塞给你的家具都扔出去）。这间屋子就是你的生活，你的自由，是自由的梦想实现后的形象，是你因独立而获得的幸福。

　　这间屋子，你把它"**借**"(*prêtes*)给了我。(别忘了，**我**有着许多别的意味，我不仅是我，而且也是我所**代表**的，即一个男人，一个我能成为的男人，我在很大程度上就是这个男人；但在梦的戏法里，它首先是一个角色，我出演了一个对你而言必需的角色。梦就是这样一如既往地包含了你最深沉的欲望。）所以你把屋子"**借**"给了

---

① 韦尔农是厄尔省的一个小镇，克莱尔曾在此地拥有一间备用寓所，阿尔都塞曾多次来访。

我。这个"**借**"有很重要的意味。你没有**给**①我一间屋子，而是**借**给我一间屋子。只有知道了你更多的梦、更多的符号，我才能确切地更进一步。粗浅来讲，我相信，我想说，而且我确定自己没讲错：用**借**去替代**给**，这就表示一个新的东西出现了。像我刚刚说的那样，这种"风格"，作为重要的模型、图像和"行为类型"，意味着到目前为止，在你有意识的人生中，你一直强烈地想要"投入一个男人的怀抱"（请原谅我粗鲁的表述）。这种表述，指示了一种行为，一种行为的欲望，一种解决的欲望，梦本可以把它翻译成**给**。你把屋子给了一个男人。然而梦没有使用这种语言，它不在谈论此种行为。它使用了另一种语言，指示了另一种行为：**借**。它既是语言，又是行为。这就和"给"以及其他含义相近的词很不一样了。这种新的语言（借）与房屋的意义之间有着极强的联系。你有一间属于你的屋子，你自由了，独立了，有了自己的领地，不再任人（比如一个有权统治你的男人）摆布：这种独立性被**借**的行为**确证**（*vérifiée*）且**祝圣了**（*consacrée*）。事实上，人们在一无所有的时候才会把全部的东西**给**别人；我想说，一个人若是很想把**全部都给**某人，那他实际上在**期待后者把全部都给他**：他在后者身上期待着他的全部的欲望的实现，他的自由的实现；这份自由不属于他，所以他只能绝望地在后者身上找寻，希望后者能立即把这份自由回报给他。他把一切都给了别人，但实际上他想要的正好相反。**他给别人一切，只是因为他希望别人把一切都给他。你的梦证明了你**

---

① "给"原文为"donnes"，系"donner"（给予、赠予）的第二人称直陈式现在时形式，接下来的几处名词"给"原文为"don"，也译为"礼物、馈赠"。——译者注

不再这么想了：证据就是，你在梦里是**借**，而非给。你不再期待一个男人**给你一切**（在我看来，这个在你的梦中闪现的事实，是能够与你在有意识的生活中，早就观察到的些许迹象联系起来的。克莱尔，还记得吗？你在从默热夫寄给我的长信中写道："我为你存在，我**也**为你存在，真是开心。"）。你获得了自由与独立，而成为真正的自由人在另一方面又意味着：你不再期待一个男人**给你一切**了；这就反过来被翻译成了这样的事实——你拥有一间属于你的"屋子"。也就是说，只要到达了这个地步，只要你认识到，在你内心的深刻的真相中，你是自由的，你就不再感觉需要通过**把一切都给一个男人**，给他你的**屋子**（"投入他的怀抱"，或者翻译成其他的词：疯狂、激情等），来提醒和敦促他把一切都给你，并完全地实现你的欲望。

这就是梦最主要的方面。这就是你的最超前的一面［此处，你甚至比你自己都**更先锋**（*l'avant-garde*）］，你诧异地在具体的、清醒的生活中发现了它。

但梦紧接着就向我们展示了它的另一个方面。我"糟蹋了你借给我的屋子（甚至连屋顶漏水都不管！），还接待了许多讨厌的年轻人，把你的屋子变成了一处匪窝。某次拜访时你见到了这一切，就穿上了大衣，与我永别……我们都哭了，因为竟为了这一点小事，一切都完了……"这就是梦的另一个方面，我称它为**落后的**（*arrière-garde*）一面。它奇怪地与前一个梦中朱莉代表的那个方面相呼应。尽管这一次的背景不同。你借给我这间屋子［你借给我你的生活，你让我借走了你的东西，一件具体的、最珍贵的东西：

这证明了,在你内心的某一处,你深切地**欲求着**(*désires*)这种借给我东西的体验]。然而,在这个形式新颖(借)的积极欲望中,却也有着对可能的不幸体验的**恐惧**的阴影,你怕我毁掉你**借给我**的东西(我=我在梦中扮演的行动者=你指定给我的**角色**)。这间本该遮风避雨的屋子(保护你不被任何**在你之外**的外物伤害、威胁),漏水了。这间屋子是你的财产,如今它却被外来的可疑的"年轻人"占据了(你不仅是不想见到**年轻人**,这也表示了在你的欲望中,年轻人大多是"讨厌的"),他们**偷**(*volé*)走了你的屋子,把你的屋子变成了"匪窝"(只有小偷才待在匪窝里):这正是自由与和平的领地的对立物,即窃贼出发前的老巢、**危险**活动的基地。他们不仅是偷走了你的屋子,还把它改造成了它的绝对的对立物,把它变成了危险生活的景象,其中危机四伏,再也没有安全的保障与信赖;而你的屋子**本该**把你和这种生活的景象**隔绝开来**。这都是我的错。

这就是梦落后的一面。你心中一直惧怕着**再一次**失去你所取得的最珍贵的财产:你的自由(屋子),变得和以前一样(从前你**没有房屋**,你不**出借**,而是给予)。梦的结局是你对重蹈覆辙的恐惧,你害怕曾经的危险(朱莉的丑陋,可疑年轻人的"惹人厌恶"),你害怕坠入过去曾有过的失望,并且你预感到,你对重蹈覆辙的恐惧,与你曾经做出或试图做出的行为形式有关,**尽管在你的心里,这些东西已经被深刻地改变了**。

这就是旧路线与新路线之间的(暂时的)冲突与(暂时的)共存:旧的**恐惧**,新的**确信**。

但是在冲突中,获胜的总是新事物,这也像二二得四一样确凿。只需要一点时间,旧事物甚至会因为自知已经过时就缴械投降,被新的确信打得溃不成军。

梦以失望结尾,但已经描绘了一条出路。梦里你是失望的,因为这难以接受,也因为这实在**太荒唐**了。梦里讲得很明白:这一切只是"简单的情绪发作……",这些事没有意义,只不过是简单的情绪发作……(这种简单的情绪发作伴随着屋子的形象,伴随着它的力量、它的根基,以及一切它所代表的、符号化的东西)。

在梦的落后的一面中,已经存在实际上是先锋的一面。

我讲得太多了,克莱尔。

已经晚上七点了。

我现在要跑去邮局,这样明天你就能收到信。

周日快乐,我亲爱的克莱尔,祝你一天都很顺利。

晚安,我的宝贝。①

皮埃尔②

---

① 用蓝色墨水手写加上了这句话。
② 路易·阿尔都塞的第二位名字,也是他的外公皮埃尔·贝尔热(Pierre Berger)的名字,他在与克莱尔的通信中使用这个名字。

一
1941 年
坐潜艇旅行

[摘自战俘日记,手稿,1941年2月7日、9日、11日,已于《战俘日记》中出版(XA战俘营,1940—1945年,巴黎:斯多克/当代出版纪念研究所,1992年,第43—44页)。]

2月7日

我梦到自己参与了2月6日的事件①。成堆的裸尸,飞机驶过、扫射。随后是一片死寂。我在田野上,眼前的树林里,有一群年老、苍白的妇人,还有一个年轻的女孩。我注视着她,心潮澎湃,我已经觉得自己可能要爱上她了;但怎样才能向她表白呢?突然我灵机一动:我慢慢地往前走,向老人们问好,挨个儿亲吻她们的手;这样我对她的表现就不会显得唐突了:我的唇长久地吻着她细嫩的双手。

2月9日

我梦到了坐潜艇旅行。西蒙②驾驶。但我们要去哪里呢?透过大雾,我突然看到了岸:因为夜色的缘故,我把瑞士的海岸错认

---

① 暗示1934年2月7日在巴黎发生的极右翼游行示威。
② 萨沙·西蒙,南锡市《共和国东境》(*L'Est républicain*)报的记者,阿尔都塞在战俘营的狱友。他出版了一本关于XA战俘营的回忆录:《魂灭》(*La Mort dans l'âme*),南锡:解放出版社,1947年。

成了挪威的海岸。景色很别致：陡峭的岸壁，肥沃的土地，一侧的山坡上长着一些矮小但青翠的松树，红色的屋顶，还有许多漂亮的船：白木制的快帆船，密集的桅杆指向天际，船底和船身上绘有精美的装饰画——因为我是从下面往上看的——还有一些奇怪的屋子。潜艇自动靠岸。西蒙只是看着，撒手不管。随后我们进入了一片狭长、低矮的区域，这是一条海湾深处的运河。但直到看到了在每一处山脚下、每一处岸滨旁停靠着的许多老船，我才意识到这不是基尔运河。这是"瑞士运河"。

2月11日

昨天做了一个关于西蒙的短梦。

我又梦到了。妈妈带着我去见一位朋友。坐着汽车。她住在莫尔旺（Morvan）地区深处的一个偏僻的小农场里。汽车艰难地爬坡。妈妈跟我讲，这位朋友失去了丈夫，只有一个小女儿，生活凄苦。一直是上坡路，我睡着了。当我醒来时，我们已经到达了目的地。小屋坐落在一片光秃秃的空地上，在风中摇摇欲坠，但这片空地倒很适合打弹珠。周围的莫尔旺山脉比往常看上去更高耸，道路曲折；看不到别的房屋。我们见到了妈妈的朋友和她的小女儿。神色很是悲愁。我提到她的丈夫，她的神情就更悲伤了。我自责怎么可以这样不近人情，但就是忍不住要谈这个话题。妈妈的朋友邀请我们："你们想不想去看他的坟？"我记不得她是不是真的讲了这句话，但我们一起出发了，她和我走在前面，母亲走在后面。我拉着她的手,心情比她还要悲伤。我们沿着路往下走,坡度很大,我们跑了起来。我没有和她讲一句话,但我觉得我已经快哭出来了。下坡走了一阵,我们到了一处平地,等待身后跟着我们的母亲。当她赶上我们的时候,我再也忍不住了,扑到她的怀里痛哭,哭得好伤心呀!

二
1944 年
熟透的桃子

二 1944年 熟透的桃子

［摘自战俘日记，手稿，1944年7月13日和9月26日，已于《战俘日记》中出版（XA战俘营，1940—1945年，巴黎：斯多克／当代出版纪念研究所，1992年，第178、194页）。］

7月13日

做了一个充满诗意的梦：8月末的一天，在将要逝去的夕阳下，我和妹妹一起前往位于拉罗什①的废弃花园。那里种了许多桃树，土地很肥沃，地上都落满了桃子，但今年还没有人来采集它们。我们慢慢地吃着桃；桃的表皮皱烂，早就熟透了，里面包藏着浓郁的汁水。我看着妹妹青春美丽的身影；在她身后，树枝摇动，像极了渐行渐远的人。夜色降临，还剩下的烂桃子弥散出又苦又甜的气味，从地面上升起。

对了，外婆也来了。我们一言不发地跟着她来到厨房，喝了一大瓶冷牛奶。

---

① 拉罗什（Laroche），又叫拉罗什米勒（Larochemillay）或米勒（Millay），莫尔旺的一个村庄。路易·阿尔都塞的外公、外婆自1925年从阿尔及利亚返法后，就居住在那里。

9月26日

[……]

古怪的梦。我、R(罗贝尔·达埃尔)①还有乌尔老爹②坐着一辆四轮车在中国旅行,车身是一棵树,拉车的马不会转弯:它撞到了树篱上。

还有许多人成群结队前往坟墓的景象。孩子们好像突然从地里站起来一样,我握着他们的手,他们却不住地问:要去哪里?要去哪里?

---

① 罗贝尔·达埃尔(Robert Daël),战俘营里"可信的"法国人(也就是战俘和德国管理者之间的中间人)。作为反德的保王党人,他保护了阿尔都塞。
② 约瑟夫·乌尔(Joseph Hours),又称"乌尔老爹"(1896—1963),里昂公园中学的文科历史老师,阿尔都塞的精神之父之一。

三
1945 年
牧场的梦

[摘自战俘日记,手稿,1945年2月7日,已于《战俘日记》中出版(XA战俘营,1940—1945年,巴黎:斯多克/当代出版纪念研究所,1992年,第178、224页)。]

2月7日

我梦到了一个牧场,一些年轻的女孩子把雨伞忘在了草地上。"姑娘们,你们忘拿伞了。"没有回应。R(罗贝尔·达埃尔)把伞带给她们,女孩们一个又一个地对他报以微笑。我很嫉妒。

四

1947 年

死人复活

[摘自1947年9月写给埃莱娜的书信手稿,已出版于《致埃莱娜》,巴黎:格拉塞/当代出版纪念研究所,2011年,第76页。]

一只夜蛾停在我的信纸上:它在催我上床睡觉。昨天夜里,我梦到了自己在飞机上,飞机突然撞入一片树林(机舱内的所有人都睡着了),马上就要坠毁了。我抓住一根很高的树枝,独自攀上去逃离了飞机。我想着,我怎么也没办法永远地保持着这个姿势不动,得去找个人救我下来。我就这样出发了,来到了一座废弃的城市。已经是晚上了,月光下的街道很干净,一只猫在漫步,四目望去没有一个人影。好不容易找到了一个刚回家的女孩,我费了好大劲儿向她解释事态紧急,我需要一个帮手,麻烦换位思考一下,您不该撒手不管,任由我挂在树上一整夜。她总算同意来救我了,但之后的故事我就不知道了,因为我醒了。我猜,你应该觉着这个梦挺好笑的。我做了一堆这样的梦,但我没全记下来,太多了。[……]

[摘自1947年11月25日写给埃莱娜的书信手稿,已出版于《致埃莱娜》,巴黎:格拉塞/当代出版纪念研究所,2011年,第87页。]

[……]我做了一个梦,梦里死去的朋友复活了。我不知道这个梦是好是坏:贝沙尔①,我在里昂预备班的同学,一个充满活力、

---

① 菲利普·贝沙尔(Philippe Béchard),阿尔都塞在里昂的同学。

身材高大的贝桑①人,复活了。他在战时死于摩洛哥,他的年轻的妻子也几乎在同时死于一场可怕的结核病。但他复活了,我们同班,在一间很像是马赛圣夏尔中学的学校里。他和一个没有身份的人一起复活,梦把另一个人抹去了。我身边的人好像觉得这是一件稀松平常的事情,但我却坚持说:看呀,他早就死了,但现在他又活过来了!大家用同情的眼神看着我,慢慢地我也觉得自己有点小题大做。我越是怀疑贝沙尔复活的真实性,他就越是一点点失去存在感,但我记得最后有一个问题大大地动摇了我的怀疑,因为我没法反驳——一名教师(我不知道他是谁)对我喊道:"看清楚了,这不是死去的贝沙尔复活了吗?他的眼睛还像活着的时候一样呢。你知道,当一个人死去的时候,眼睛就会被挖走。""眼睛被挖走"的表述其实一点都不恐怖,这只是一件风俗,在梦里大概由于这样的理由:把死人的眼睛挖掉,防止腐烂(以便保存尸体)。梦就在我没法回答这个问题的节骨眼上结束了,我感觉贝沙尔就要再一次死去了。我不清楚这个梦的意义是什么。我和贝沙尔的关系很亲密,我很喜欢他。1940 年的时候我们在伊苏瓦尔,是炮兵第二班的战友,一起上了马术和炮术课程,大家都用英文叫他 Bit'ch②。这个高大、英健的男孩,对自己的人生沉默寡言,却对我诚恳地打开了心扉,这让我很感动。1940 年的时候,他与爱慕的女孩订婚了,后者大概 26 或 27 岁,他不停地谈论着自己的未婚妻,但又笨拙地试图掩饰自己的情感。他没有去打仗,1940 年时

---

① Bessans,萨瓦大区上莫里耶山脉的小镇。
② Béchard 的第一个音节到第二个音节的辅音,与 bitch 谐音,此处为英语词 bitch 的法语口音读法,为骂人话,意为讨厌的女人。——译者注

撤到了枫丹白露,婚后又去摩洛哥生活,并死在了那里。当得知他和妻子双双去世的悲剧时,我惊呆了,不过这已经是很久以前的事了(1945年我从德国回来的时候才知道)。我以前多喜欢他呀。

[……]

五
1949 年至 1950 年
反抗的女人

［所有这些梦的笔记都收纳在一个大小为 24.7 厘米×31.4 厘米的对折式蓝色纸板文件夹里,上面用黑墨水写着标签"梦",右下方用铅笔手写标签"私人"。］

[手写在 21 厘米×27 厘米的蓝色信纸上,黑墨水。]

1949 年 5 月 5 日

——在一条道路上,右侧是路堤,更远的地方还有一堵墙。我在阴暗处尾随一个女人:我要接近她,而无论她愿不愿意,我都要和她发生关系——这是一次考验,混杂了内心的欲望,而我决定给欲望赋予**这个对象**——我要有能力与任何人发生关系。

我靠近了这个女人,攀谈了几句,立即就发现尽管她是诱人的,但她也有着**封闭的**(*ferme*)肉体和心灵,不会屈从于我:她反抗了,在阴影下她被红唇分割的脸格外阴沉;她几乎是一声不吭地反抗着,但没能坚持多久——我把她按倒在路堤上,抚摸她的身体——她仍是**封闭的**,以强硬的态度任我摆布,就好像她现在是在用心灵而不是在用身体反抗我一样。

梦在这里断裂了——接着我就发现自己身处拉罗什,赤裸地躺在一张床上,她就在身边,而床紧靠着花园的围墙。这个地方的房间格局乱套了。我们在休息——她一言不发,半个身体裹在被子里,而我,裸露着身体,倚靠在枕头上,用肘部把上半身撑起——透过窗户,我突然看到我的父亲和外婆正注视着我:他们收起了窗帘——我的父亲缩在后面,一只手搭在奶奶的肩上。外婆的神色既沉静又忧伤,这种深沉的忧伤让她的脸部轮廓都放松了;我冷漠地回应着她无言的注目：她的目光中既有谴责，也有决绝的悲痛——路易竟做出了这样的事！但事情既已发生，说什么都于事无补了，她在沉默中隐忍着，但这份悲痛得有多大呀：从今往后，对她而言，她的宝贝孙子就算是死了——只是但愿这个女孩确实值得他那样做，这样虽然不幸的事发生了，但至少他是开心的。——我的父亲呢，脸上挂着可疑又心领神会的微笑——谁都知道，这事儿会发生在所有人的身上，我们都知道这就是事实，这事儿本也可以避免，但现在既然已经发生了，女人们就会发现，这可不是件好事；女人活在幻想中，现在幻想破灭了——他对我微笑着，好像比外婆懂得更多，尽管是讥讽的笑容，却是在对我表达着默契。

外婆始终是沉默的，现在她要离开了，绝望地**搬走**了：她离开了这间她一直居住的、紧临着我和这个女人的卧室，搬到了最里面的一间卧室去了，就在房子的另一侧。父亲则消失了。

我还在这个女人的身边；她始终是封闭且强硬的。我抚摸她，想与她发生关系。尽管她强硬地紧绷着身体，肌肉硬得好像木头，但我还是想进入她。她冷漠地教训我：不是这样做的——她平躺着，紧绷着身体，想自己把它"拧"进身体——进不去的，我根据往常的性经验说道，但我又不能按照我的习惯来——她强迫我遵循她的方式，毫不退让。

——梦断裂了：我在被子里，在她身下，她的臀部坐在我的肚子上——梦突然又自然地变化了，坐在我身上的不再是她，而是一个年轻男子,她的弟弟(或者她的年轻恋人),我看不到她,但却能感觉到她在身边。这时候,我的**母亲**来了,她停步在门口,长脸上满是沉默的忧伤。她佝偻着身子,无声地责备我。我想:如果母亲走过来,我就起床,**她就看不到这一幕了**,我总是这样骗过她(或者说赢了她)。她站了一会儿,就走开了,满是悲伤与沉默。从这时起,梦的背景就变成了各种女人的脸,一个接一个地来看我,悲伤又沉默,然后离开,直到我的姨妈也来了,吊着骨折的手臂,身后跟着两三个孩子。

——梦断裂了。我起来了,穿上了衣服,和一个女人、一个男孩在一起:我们就在临街大门旁的厨房里。我们准备出门,那些女人将看到我们,但现在怎么也不会比开头更糟。她们既然在看到我和这个女人在一起时,能忍得住悲痛,那么在所有人都能看到我的时候,她们应该也能忍得住。这个女人一直是封闭、沉默、强硬的,就好像她在保守一个秘密,打算留到以后报复我。突然她大笑起来,终于放开了自己,但笑声恶毒,包含着无尽的仇恨(这时我们就在门口,顺便清洗了厨房的地砖,就像是为了清洁她的住所):"**我有对角线!**"她继续大笑,男孩就在一旁踱步,我突然感到惊恐,对角线在(梦中的)军事术语里的意思是梅毒,她终于复仇了,当初可是我强迫她的,现在她的坚守终于给了我狠狠的一击!我试图平息恐惧:也有可能我并没有染上——也可以去求医问药,我突然觉得以后能把这个病治好的,尽管我依然恐惧,恐惧的背后是悔恨与信念:希望我没染上……我很害怕,但决定不向她退让分毫。

——梦断裂了:一段时间以后,我在家后面的路上又遇见了她。她看上去变年轻了,戴着软帽,像个年轻女孩——我们都对"对角线"的话题心照不宣。她又谈起了这件事,我假装满不在乎的样子:不用在意,只是一件小事。我假装镇住内心的慌乱,这样就能镇住她。——然后她向我解释,她以前有病,但是早就治好了,她担心前一阵又复发了,于是去找医生做了检查,想知道病情是否严重,医生对她说:已经得出了结果,但不能告诉你,会没事的;很有可能会没事的,她说道——很有可能会没事的,我想我也一样,突然我就有了理由去制服自己的恐惧——我没有退让。

［手写在21厘米×27厘米的蓝色信纸上，黑墨水。］

1949 年 5 月 10 日

第一个梦：

与许多朋友，在一个陌生的国家围着桌子野餐。突然我们就到了看台上，正在观看——同时也围坐在桌子旁吃东西——赛跑运动员出发。运动员越来越多，不一会儿就挤满了整个看台，他们抓住了我们，把我们包围在了桌子旁。我左手边的朋友起身离开。运动员变成了**黑人**，其中一个想抢走我的食物。我捧起了我所有的餐盘，"挡住"它们——然后进行了一场长久的斗争，长久的战争，在这个陌生的国家，我在**朋友**的帮助下与**敌人**交战。最后一幕，我要求与敌人单挑——他们很快就接受了，这让我有点吃惊——要知道敌人的数量远比我们多，就这样我在斗争中取得了优势。

第二个梦：

梦到在雪地度假，我踩在滑雪鞋上，轻松自如地滑行，速度快到能让我在飞跃一处岩壁的时候横立身体。我向克列尔（Cler）①展示了这个动作——我们回去了，我遇到了克列尔的妹妹，一个看

---

① 战前戛纳足球队的球员。阿尔都塞在《来日方长》和《战俘日记》里提过他。

上去很年轻的女孩，身材瘦小，有点感冒——我向她提出一个沉重的问题：她是不是真的染上了梅毒？怎么染上的？——放心了：她说去看过医生了，没有病——我不由自主地和她一起离开，前往一处海滩。

——海滩上好多人——我们找了一块空地坐下——交谈了几句。过了一会儿，我开始拥吻并爱抚她——这个矮小的女孩在长裙下长着坚实的乳房，一个念头在我心中升起：**机不可失，我这就要遵循 M 的建议，与另一个女孩发生关系**——我们闭着眼在沙子上翻滚，哪怕明白身边都是人；我提议最好去卧室。我们睁开了眼：许多人正在围观我们，但他们并不惊讶，我们知道，这些年轻人也有这方面的需要——他们多少默许我们的共谋，或至少也是能理解的，但他们警告并提醒我们——**我们惊醒了一个伏都教的神**（*vaudou*）（？）。他们指给我们看，**是一个石头做的东西**，比人类更庞大，长着一颗人类的脑袋，是个秃头，有人类的身体，手臂的地方却是一对僵硬的翅膀。它全身赤裸，生殖器是岩石做的，脑袋上像是被烧火棍戳的，瘪下去了一块——**它向我们走来**。"你们把它激醒了，"人们说道，"小心点！"原来我们拥吻的景象激起了它的蛮性：它石头做的生殖器勃起了，向我们走来。一开始它的眼中只有我的女伴：人们告诉我，要打它的脑袋！我开始单独与它搏斗，击打它的脑袋，试图打跑它；它的脑袋都被我打瘪了，但却毫不退让，我就继续打它……

——梦断了：我回到了"我的住处"，或者说，与那个女孩一起回到了"家":全家都在等我(至少外婆以及母亲的一个朋友在场)——她们给我们倒了茶,让我们并肩坐着,我和那个女孩就是一对即将结婚的新人。她们说,很高兴见到我们,所有人都在等我们呢——她们又说:我们互相爱抚,这做得很对,**既然我们即将结婚,这就是正常的**。我附会着她们,开始借用瓦雷里(Valéry)的诗句赞美"触碰"(toucher),说这是人类中最人性的(性感的)感觉——我醒了。

[手写在15.5厘米×20.6厘米的裁剪好的纸上，淡蓝色墨水。]

1950年4月8—9日

梦的简述。

我从滑雪地（度假）回到了巴黎，回到了高师。H在巴黎的另一边工作：整个梦的主题不言而喻——告知H我回来了。然而我遇到了埃塔（Etard）①，他对我说：我不得不让汉克（Hanck）②搬出来，让他住到你家里去。这下全完了：这样我怎么让H也住进来呢？让汉克搬进来后，我家的两个房间就只剩下一个了，而为了让她住进来，我需要两个房间——即便有一间空房，怎么住得下这么多人……我窘迫地回到了家，试图整理一下，一直想着要告诉H我回来了，然而要怎么安置她呢？我忘了我接着做了什么事，随后我的妹妹就出现在了卧室里。经过一小会儿的交谈，我躺在了她的身边，然后，为什么不呢？我爱抚她，等等……（我记得很**柔软**），我想着，在我目前的处境下，这不算什么，只是为了一次偶然的愉悦罢了——她的身体真软。我又想起了那个老难题：要告诉H我回来了，然而要怎么安置她呢？然后，我检查了一遍卧室，发现了许多储备的生活必需品，分门别类地存放在衣柜顶上：这是H为

---

① 1905届高师学生，1926年至1950年期间在高师担任图书管理员。
② 身份不明，有可能是住在高师的员工。

我买的,可她——这让萦绕在我心头的难题缠得更紧了——她为我做了这么多,我要怎么告诉她我回来了呢?在整个梦中,时间平静地流逝,我一点都不焦虑,如何告知 H 的难题只是一个技术性的难题,无须焦虑。但我总归要做点什么。我出门,遇到了埃塔以及一个男人,我和他们谈论汉克搬家这件事(但我忘了交涉的结果——然而我相信他们最终因为我的反对取消了这个计划)。我又回到了卧室里面。夜已经很深了,但那个问题还没有解决:我早该在回来的时候就告诉 H 的。突然,门开了。H 红着脸,满是忧虑的神色,几乎就像上一次那样惊恐无措,无声地责备我。她一言不发,但她的神色已经说明了一切:为什么不告诉我你回来了?深深的忧虑。我愣住了:的确我早该告诉她我回来了,但要怎么向她解释我迟迟没有通知她的事实呢?现在错已铸成,怎么也说不清了——这是场灾难——但这场灾难对我而言还算轻微,不能算是悲剧,尽管她的脸上满是悲伤——我醒了。

——12日—17日,梦到了死人,先是图基①,然后是韦尔南②,接着是斯大林。⎫⎬⎭眼泪

然后我与 BR③ 争吵:我斥责他,说他一点都不理解工人运动,迟早要付出代价的。

---

① 让-图桑·德桑蒂(Jean-Toussaint Desanti),又称图基(Touki,1914—2002),高师学生(1935届),哲学家,共产党员,写了许多数学认识论方面的著作。
② 让-皮埃尔·韦尔南(Jean-Pierre Vernant,1914—2007),历史学家,抗德义士,共产党员。
③ 身份不明。

[手写在13.5厘米×21厘米的纸上,抬头写有高师/秘书处,黑墨水。]

——一个梦:我和全家住在一间位于又高又宽的楼梯上的公寓里。我睡在里面,早上我很早就醒了,离开公寓,只因为我想这么做,只为了我一个人。在梦中,我离开公寓两次,第二次的时候我遇到了父亲,他刚起床。他问我刚才去哪里了,我回答他,给了他一块面包做早餐,这面包是我从外面带回来的。这个理由应该足够了。母亲一直在厨房里,我对她说,要把我的旧地址换了,或是把我所取代的那个人的地址(邮局里的地址,或CCP①里的地址?)换了。走在楼梯上的同时,我盘算着。这是一场战争,我要想办法挣钱,补充物资——去当商务代表?

——(我在路上:面前是两条下行的路,我选择了比较平坦的那条?——到了底部的道路交汇处,我躲避汽车的同时,从另一条路往回走)在路上一个男人向我展示了一个几何学证明,对我解释物体的中心并不一致(?),存在着两种非常不一样的物体。他的图解上画着几个圆,他通过这些图形做了证明,这个男人是(变成了,显露为)我的父亲。他切割着、连接着线条,继续做着证明:图解的形象就好像变成了蔬菜塔,以卷心菜为底,上面是切好了的配菜——为什么要这样做?是不是要把这个图形变成可以吃的东西?我对父亲说,最好还要加上洋葱(?)——我刚一开口,父亲就

---

① "CCP"是"Compte Courant Postal"(邮政往来账户)的缩写。——译者注

断然拒绝了把洋葱作为可以吃的东西加入图形中。

——梦到我住在一个简陋的地方,一个女人来了,与我交谈,我提了一个关于一些人的工会归属情况的问题(我想了解他们的情况),她回答我:属于CGT①,这些人都是激进分子。然后她就想离开了——我觉得这是一个关键时刻,我想把握住,但又眼睁睁地看着她溜走,我一直都是这样优柔寡断——我把她叫住,为此谈论了这里的房间的情况,并敲了"面包师傅的门"(卧室门),询问情况。虽然我知道,面包师傅昨晚就走了——然而这间卧室里有很多人。

——梦到和H一起吃饭——快到晚上了。我们不知道去哪里吃饭,我把她带到了军营大院,至少在那里很安静(?),我们坐在露天的桌子旁——几乎是夜里了——在院子里——我们不会被赶走吗?窗户后面有一个男人注视着我们。我认识他,他是克拉维柯(Kraverg)②,留着胡子,他对我们挥手致意,我们可以继续吃饭了(他有几个孩子)。

---

① "CGT"是"Confédération Générale du Travail"(法国劳工总联盟,也译为"法国总工会")的缩写。——译者注

② 身份不明。

六
1956年
喉咙里的木鞋声

[21厘米×27厘米的对折式文件夹里的文档,手写标签"1953—1955年的梦"。然而文档里只有1956年的梦被注明了日期。其他的梦虽然没有日期说明,但也被阿尔都塞收纳到这份文档里。]

[手写在 21 厘米×27 厘米的纸上，对折，蓝墨水。]

1956 年 3 月 19 日

——网球。我和母亲在我们时常逃票进入的网球场上。冬天了，所有的场地都因为化冰而变得潮湿，除了一两个例外。只有最中央的一个网球场的场地状态良好——但是"冠军们"正准备上场打球。在他们之中，我认出了一个曾经与我打过球，还输给了我的人，他就混在人群里。这让我觉得：或许我也可以试着和他们一起打球？于是我走过去，找到那个我认识的人，对他说，**在等着的时候**，我将和母亲在旁边的场地上打球（等着可以上中央球场与他们一起打球！），就好像我获得了**双重的许可**（在旁边的球场打球——尽管我们并没有买票！然后和他们一起打球——独自一人，**不带母亲**，抛下她，为了能够与他们打球！）他同意了，然后我们围绕一个话题进行交谈：你的球拍哪里坏了？他：球拍的握柄断了。我呢，虽然球拍的握柄好好的，但是球拍的**顶部**也出了问题。我们和母亲一起离开了：因为所有的球场都在化冰，有一个场地深处的泥潭甚至像开了花一样，红的，蓝的，布满了小蘑菇或是满是裂痕的黏土——没法打球了。我们在回去的路上讲着话＝一个工作人员对我讲，只要打扫一下场地就行。**不**——在中央球场的旁边有两个球场的场地情况还不太坏，我们可以在这两个球场分别打球。

——第一次进行田野远足，我的母亲为那些年轻的学生准备了一切（行李等物……），可能是第一批？——我们乘坐火车返程，我躺在丹尼丝（Denise）①的身边，在我身上有一个女孩（在地上？）。**摆脱了那个女孩**（很粗暴，但是她有错在先），靠近丹尼丝，她却对我说我的头发和嘴里的**味道很难闻**。我下了火车，周遭的环境像是在德国，连夜去找理发师给我理发、剃须、净身，**无论要花多少钱**。

——在阿尔及尔的泳池里——天气晴朗；我来到场地，有好几个泳池，女孩们或是泡在水里，或是在擦拭身体；我注视着她们——冷水？不，水是热的。我没有进水，离开了泳池，思索着是不是还能再一次持票进入（否则入场就没意义了！）。我找到了我的入场票：有好几处柜台——好几处入口。在离开前，有一个爵士乐团：小号每一次吹响的时候，指挥都要握紧他的乐器，把它按进节奏里（？）（用手抓住小号，随着节奏挥舞，好像这样就能让小号出声一样）。

---

① 有可能是丹尼丝·普拉萨尔（Denise Plassard），她后来嫁给了皮埃尔·艾蒂安（Pierre Etienne），后者是高师的校医。这对夫妇与阿尔都塞的关系很亲密，1948年阿尔都塞成了他们的证婚人。见扬·穆里埃·布唐所著《阿尔都塞传》（*Louis Althusser, une biographie*），袖珍书出版社，2002年，第二卷，第281页。

[手写在 21 厘米×27 厘米的纸上，对折，蓝墨水。]

1956 年 3 月 20 日

逃票进入一场大型橄榄球比赛。比赛还没开始，我在一间餐馆里，面前是一对年迈的农民（?）夫妇：我阅读他们的日记，《战斗》(Combat)；我狼吞虎咽。蜂拥的摩托、汽车，大量的载具汇成车流。向赛场跑去。好多人。但总该还有位置。等待着比赛开始，观众们先看着网球比赛。人们叫我去替换一名选手。我努力地装作没听到，向看台跑去，遇到了塞尔①，瞎了眼，拿着一根棍子（假装的?），他对我说：高师的学生正试着攻占这样一处还有位置的看台。我巡视通道——没有检票员，我想应该很容易逃票进入——通道被木质的临时隔板围住，防止人们进入被关闭的看台。我和一个男人在一起——在通道里，这个男人像是检票员，站在封路的隔板前：他紧接着说，他也是逃票进入的——并向我们展示了翻越隔板的技巧——猫洞一样的小门，铁丝做的，就从下面通过，通过之后我拿起[看不清的字]匆忙地穿越另一处隔板，心急就会胆大，因为只有冒最大的危险，我们才有机会（把危险甩在身后）；我继续前进，跳进了紧邻着花园的教室，陈旧的教室，年迈的教师，孩子家长（?），扶手椅和桌子，一间像是传达室的屋子——随后我跳进了一个花园，扑进了花丛中，趴在花丛上，躲避着视线——有人看见

---

① 让-皮埃尔·塞尔(Jean-Pierre Serre)，数学家，1945 届高师学生。

我了，正在找我。院长嬷嬷（修女）指挥着搜寻，她正在找一个"负责学生名单的秘书"（？）。**她看不见我**，尽管我就在眼前。好几个颜色不一的修女（红的、绿的……）都看见了我。但**她们没有告发我**，因为她们反对院长嬷嬷搜寻我的理由（离婚？结婚？我要做的事？）

随后我就和普里让①在田间的小路上，天气舒适宜人。我们遇到了一个男人，犹豫着要不要上去打招呼（我以为自己认错了？）。那是年老的弗朗索瓦-蓬塞②，正在发呆。普里让与他搭话：我向他敬了个军礼——"将军"，尽管心里很不情愿，急忙找了个和高师有关的借口开溜，把P③留下来和他独处。

---

① 让·普里让（Jean Prigent，1944—2009），1946 至 1964 年间任高师秘书长。他和阿尔都塞一起在长假时值班。阿尔都塞亲切地称他为"拉·普里日"。

② 有可能是安德烈·弗朗索瓦-蓬塞（André François-Poncet），1907 届高师学生，法国政治家与外交官。

③ 指让·普里让。——译者注

［手写在21厘米×27厘米的纸上，对折，铅笔。］

在旅馆里，好几幕混杂在一起：

——给一个女仆以及两个旅馆女老板提起过分要求的话题（女仆：我们先是给她的学业给予了建议和帮助？然后就甩不掉她了），因为缺少人手，住在客厅里的老业主们希望我能接待客人。我对着茶杯撒尿表示抗议，然后有人给我们端来了奶茶，毫不在意这些杯子都泡在尿里！我看着一滴尿就要掉进正在凝结的奶里——我直白地命令换一杯（惩罚）——在等待的时间里我与G［若尔热特（Georgette）］或Cl（克莱尔）亲热，有人（女人？或是一对情侣，皮埃尔-吕西安娜①?）来找我聊天。我躺着，找了一些理由搪塞他们，我病了（?），正在忙——他们离开了，我们就继续亲热（从背后）；离开的时候他们撩开了门帘，看见了我们——无所谓。

——把声音掷向父亲的梦。（投掷测试，非常远！）

---

① 吕西安娜·阿尔都塞（Lucienne Althusser, 1899—1985），路易·阿尔都塞的姨妈；皮埃尔·贝尔热（Pierre Berger, 1856—1934），路易·阿尔都塞的外公。

[手写在 21 厘米×27 厘米的纸上，对折，蓝墨水。]

高师的剧院，演员上场——[无法识别的字]团体和丹尼斯就在幕前。做完介绍，他托住自己的下巴，我知道这个团体。最后在大厅里有许多顾客——小孩子们进进出出，将由他们进行表演。这些孩子在车灯前奔跑躲避着，头上戴着纸船，像是某种帽子——**最后**有一群小孩列队行进，好像意味着什么，葬礼？——最后是战斗，男孩在左，女孩在右，装作在用剑打仗的样子。女孩们做得很好，男孩们就不行了：他们愣着，相顾无言，不知道要做什么和说什么——表演僵硬，没法让人相信他们真的是在打仗！失败了。一个年纪稍长的男孩指挥着，一脸神秘的神色——搞砸了——但还有救，因为表演还没结束呢：这个男孩要去见"Popou"，跟他说这个角色完了，要怎么挽救？然后他就**非常出色地**念出了下面的诗句："他们想要拯救一切，却差点把一切都毁了"——**他带着真正的激情和真诚诵念着**，拯救了全剧！

在这个梦之前还有好几幕，与 St（斯泰弗南）谈论谁？费尔巴哈，弗洛伊德？话题有些无聊，在讲这个男人死得既不**自然**又不轻松：尤其是他吞下的"快乐药"①没有攻击他的肿瘤（？）和胃，没能让他爆炸……

——在玛德莱娜-塞巴斯托坡的十字路口旁的一间糟糕的商

---

① 原文为 jubelistor。根据扬·穆利耶-布唐的猜测，这个词很可能是将"喜悦""快乐"与某种抗抑郁的药物（比如厄菲索尔）拼凑起来的。

店里买了几份体育报纸:我看到了一个有名的游泳运动员,报道说她拿下了冠军,照片上的她穿着泳裤、裸露着乳房(就好像她没有乳房一样)。我又在报道的下面找到了照片,照片上她的乳房**清楚可见**,我就继续找着别的报纸[无法识别的字]——为此我在商店里待了很长时间——老板回来了,好像在做事,要增加什么?[两个无法识别的字]我乘车离开了。

——在高师,准备搬迁的气氛,来了新的指示,我们收到了部长的贺信——写了许多恭维话,实际上却是询问我们能否把修习**农学**的学生留在高师:让他们多学两年。我解释道这不可能,这样他们就要上六年学,哪来钱付这么多年的房租呢?[无法识别的字]我必须搬走,但不知道要搬去哪里。有些学生和研究员已经知道了要搬去哪里,给他们的新地址订了餐——我却不知道——要离开高师了?

［节选于写给克莱尔的书信手稿，1956年6月16日。］

［……］昨天晚上我做了一个关于你的好长好长的梦。我和妹妹在一起，和她谈论着你：我对她说，她就在不远的地方，她刚刚来到我们身边，你看她就在那儿呢！这时我妹妹责备我：你怎么不吻她？——我心急火燎，就等着这句话呢。我把你抱在怀里，在你的面颊上胡乱地亲吻着，随后我们肩并肩地走在街上，我搂着你，吻你，轻轻地吻你，在吻中倾注了无尽的柔情……一直到醒了有一个小时之后，我还陷在这份无尽的柔情中，就好像我刚刚才和你告别！我多幸福呀！！……

［来自一篇写给克莱尔的书信手稿的打印副本，13.5厘米×21厘米的纸，蓝墨水。］

1956 年 4 月 12 日

亲爱的，我有一个星期没给你写信了，因为我正在一场奇怪的冒险中挣扎。试想一下，我晚上接连不断地做噩梦，白天还要继续和噩梦搏斗……也许我该给你讲讲，这样我就能从中解脱了！

⋯⋯⋯⋯⋯⋯⋯⋯⋯⋯⋯⋯⋯⋯⋯⋯⋯⋯⋯⋯⋯⋯⋯⋯⋯

我梦到了你来看我。多高兴呀！就像飞满了幸福的小鸟的天空一般，先是一片寂静，随着从内心迸发出的一小声，整个身体都沉浸在喧闹之中了。是你来了，我最亲爱的你来了！你柔顺的长发，秋天般的眼瞳，都像哑火般燃烧着。你的声音像是低沉的水流，径自地淌着。你就在那里。我和你并肩走在街上。错综的房屋只有我们的膝盖那么高。人们对我们微笑着。树林消逝在了地平线上。旷渺无际的大海，不起风浪，却托起了我们轻盈的身体，就像托起了两个欢快的游泳好手一样。我们在沙滩上小憩。你躺着。我想躺在你的身边，用双手捧住你的面庞，就好像捧住了天空、大地和海洋。

⋯⋯⋯⋯⋯⋯⋯⋯⋯⋯⋯⋯⋯⋯⋯⋯⋯⋯⋯⋯⋯⋯⋯⋯⋯

第二天，你给了我几把小刀。刀尖是圆头的，这样就刺不痛人心，也能避免落了俗套。一棵棵的树，举剑指向天际。云层散开了。沉默，锋利如冰霜。但你的身体却是柔软的棕色羊毛。我还是别说话了吧。

....

你走了。一个灰蒙蒙的站台。一辆黑漆漆的火车。藏起了霜冻的想法，前往装满了沉甸甸煤炭的北方。流浪的人进入一座城，他的面前有千条路。但只有一条沉痛的路。在某个地方，在无边无际的天地间，一只小马驹冲撞着、驰骋着、奔逃着，时而现身，随后又消逝在地平线上。形单影只。我扭头，看见：一个土地颜色的男人，站着睁大了双眼。

....

场景变换了。你在那里。真的是你。迫不及待地吻你，不住地用外语对你讲，你的身体是多么动人，你却失神地对我说，你一点都不在乎。你被我抱住。你又走了。我一点钟就回来了。早上好。在荣军院。永远是未加工的维生素。什么别的东西也没有！聊了几句关于车站的话题。一株兰花。对吧？一束马尔罗（Malraux）的发辫？是的。我们永远爱着别人身上被我们改变了的东西。而你的面容就在橱窗后面。我描述一下：薄薄的玻璃，我的指间只有薄薄的玻璃，薄薄的玻璃。

....

我从梦里醒来后，一切都没有了。只剩下了喉咙里的木鞋声。只剩下了挥舞着的手，绝望地在空中划着轮廓……

....

唉！现在我深深地叹了口气！我已经毫无保留地讲出来了，现在该你说了。一天已经开始。巴黎，下着暴雨。风，摇晃着梦中的树。房屋，在街上等待着。行人，正埋头赶路。我的办公室，满是烟味。这支笔。你指间的这页信纸。你,是我的谜题,是我的奇迹,在离我很远的地方,就在那间悬在空中的办公室里,认真地工作着——而你身边那棵土色的大橡树,正睁大了眼睛看着你呢。

克莱尔!克莱尔啊!
皮[埃尔]

七
1957 年
鸟　笼

〔用打字机写给克莱尔的信,21厘米×27厘米的纸,日期标注为1957年3月2日。〕

周六上午　10点30分

昨晚的梦。

你站着,赤裸着

一只手拿着一张白纸

薄得像刀片

另一只手拿着一只灰色的苹果

你一言不发地看向前方

你的鸟发出惊恐的叫声

无休无止地冲撞着鸟笼

我在鸟笼的另一边

我看着你

在我俩之间,鸟像是被陷阱困住了,发出了恐惧的叫声

我喊你,克莱尔,来啊

你慢慢往前走

你的乳房穿过了鸟笼

穿过了鸟群,就像穿过纸张的影子

你走向我

铺开了无垠大海一般的死寂

你身后的鸟群安静了

我瞪大了眼睛看着它们的栖架

它们平静地看着我们

我说，克莱尔，你的鸟

你用全部的身体对我笑了笑

皮［埃尔］

八
1958 年
梦的味道

［摘录于用打字机写给克莱尔的信,3 页 13.5 厘米×21 厘米的纸。］

1958 年 7 月 7 日　周一,下午 3 点

亲爱的

我夜里做了一个好长的关于你的梦。

很难回想起梦的主题了,它被笼罩在我无法穿越的迷雾里。你在一间属于我的房子里,但不和我同处一室。我只是在两次繁重工作的间隙偶然来访。但我知道你在那里。我知道你在等我。梦就是关于这个信念的,尽管细节我已经忘了,但与这个信念在许多方面的证据有关。

不过我依然记得这个梦的味道。闭上眼,水果的味道,天气很热的夜晚的味道,夏天的味道。信念的味道。两个人的身体在夜里互相找寻着,相信对方离得很近,相信对方就在那里。半梦半醒时,无穷的肉欲。我的信念有着你的身体的味道［……］

九
1962 年
贪小便宜的人

[这部分包含了一些出现在一札写给克莱尔的信中的梦。]

［用打字机写在21厘米×27厘米的纸上，分为两段。］

1962年2月8日

我乘坐一列小火车（车厢里是长椅，像电车一样）。出发的车站。有人在卖红甜菜做早餐。只有一颗。像在拍卖。一个有钱的旅客买下了它。我聪明地找到一个办法：在车站的货摊上，有一颗剥了皮的白甜菜，我把它和一颗长红萝卜（被吃了一半，软塌塌的）还有一顶帽子一起买下来了（帽子是被我藏在甜菜和萝卜中间"顺走"的。之后就戴上了。这顶帽子的表面绣着凸起的花纹，很适合我）。多少钱？没等商贩回答，我就塞给他一块100法郎的硬币。商贩（在离摊子很远的地方闲聊）找给我比100法郎还多的钱……（我还担心自己付的钱太少了，只给了100法郎用于"议价"，这样他就不会开出太高的价格）……好吧。在火车上，找了张有桌子的长椅，方便吃东西……然后就想起了一个大麻烦：行李托运。我之前把行李带到了一个更远的车站，就在这列火车行驶的线路上。（有一段时间）我找了找车站的名字：米耶（Millay）？欧坦（Autun）？但我已经在火车上了，没法申请托运了。我思索着：一开始，我相信行李就在另一节更靠火车头也更舒适的车厢里，那节车厢才是这列晨间短途小火车最关键的一节。接着我想，我只需要进入这节车厢，攀上火车，就能找到我的行李了。但我又意识到这是不可能的，行李不可能在火车上，我又没有托运它，它是在一个我**即将到达的**车站,那么怎样才能申请托运呢?怎样才能把行李运上这列火车呢?时间不多了……我在下一站的小车站下车,询问一名职员(谁是管事的?)有没有办法给那个车站打电话,通知他们我就在火车上,让他们把我的行李运上火车。但我怎么也想不起来行李放在哪一站了,我在地图上找不到(莫尔旺:铁路职员给了我一张莫尔旺的地图;**我看不懂**这张地区地图——火车线路……地图是彩色的,很鲜艳,并着重标注了一些点),又苦想了好久(米耶?欧坦?),但始终无法想起车站的名字。

[手写在 21 厘米×27 厘米的信纸上，分为两段，黑色水笔。]

——没想到，我的父亲（坐火车来的）带来了三条狗。为它们花了 50 000 法郎（我问父亲的），似乎父亲认为它们值这个价，花这么多钱也无所谓。这三条狗里至少有一两条是受训过的猎犬＝只须比个手势，它就去追杀猎物，伸着鼻子时走时停，就像跳舞一样……我担心这些狗会搞破坏，就把门关紧……它们还不认我呢……

——在课堂上（应该在高师?），一个女人（员工）因为纪律问题（食物？不够丰盛）**殴打**学生，没人制止她——看到这个情况，尽管我刚从病中康复，还是认为自己有责任做点什么——我就喊得比她还大声，打她，推她出去——我怒气冲冲地去找后勤部门（那个女人属于后勤部门管），投诉她这种不可理喻的行为……

——在高师的餐厅？或者在另一间餐厅，一个女员工向我抱怨 H：去年她来过，并且总是带来麻烦——她太气人了，总是挑三拣四、咄咄逼人，一点也不留余地……我的处境就很微妙了：我和 H 在一起呢。但这个女员工在高师工作，我认识她，她是信任我才向我抱怨的……我就对她说：好吧，我知道了——但也没承诺做任何事……

［手写在13.5厘米×21厘米的纸上，抬头写有高师/秘书处，黑水笔。］

——学生们自发组织的教学计划……他们邀请了我——几乎没什么人来。看到来的人这么少，我就想，还是我去年组织的课程比较成功。然后我发现到处都是从我家偷来的布料（趁乱抢走的），我要把它们拿回去：它们是我的……

——和父亲在一起（他很快就会出现的）——准备旅行，我装好行李，然后就被袭击了，我们要出去战斗，父亲拿了一把左轮手枪就离开了——我则遇到了两个麻烦：(1)我没法带走所有行李，要拿走哪些东西？如何携带它们呢？我看到几个朋友（妮科尔①）正在把食物装进行李（一些青梅），我太慢了，我总是很犹豫；(2)左轮手枪＝我在物品堆里找枪，但找不到，总是缺个部件，倒是有许多小刀，可我总不能拿着小刀战斗吧，敌人要么是大块头，要么就是肮脏的小个子，但还是带上一把小刀吧，吃东西的时候可以用得上！……

——我和H走在一片平原上。饿了。外国。一座农场。我们还是走到了农场，几个年老的妇人给了我们食物，没法向她们道谢，因为她们听不懂我们的语言……最后我发现她们是原住民

---

① 妮科尔·阿尔方德里（Nicole Alphandéry），精神分析师，阿尔都塞的朋友，克劳德·阿尔方德里（Clarde Alphandéry）的妻子。后者是银行家，在20世纪50年代支持了法国共产党。

["法特玛"(fatmas)]，并且会讲一点法语……我们离开了，又遇到一个男人，一个法国殖民者，拥有一大片土地，说什么也要送我们一些农产品——首先是**樱桃果酱**，还有一些面食——樱桃果酱，油腻，黏稠。那么面食呢：我打开袋子——都黏到一起，发霉了。我们不好拒绝他，但这都不是什么好东西，也没办法一路带到船上。我在路上就把面食扔掉了……

[手写在21厘米×27厘米的信纸上,分为两段,蓝水笔。]

在拉罗什?所有人(外婆,妈妈……全是女人)都在屋里——我发现一场事件正在酝酿着:有一队男人(像是抗德战士?)来了,准备对付一个邻居(架起一台机枪?)(待葬的儿子,等等)全家都是(变成了?被迫地?)共谋——不要被发现,在施工的时候表现得自然一点——我自己知道的也不多——做完这一切后,问题会自然解决的,没有人会发现我们:他们会去花园深处,我开车来接走他们。我把车停在了坡下面。我去找车,却发现没法把车开出来:

(1) 有人曾想把车开走,就让车轮一直空转——所有的车轮上都有个洞

(2) 有一辆货车挡住了路

这是证据,我们就要因为汽车的问题被捉住了(我们参与此事的证据——考虑到车轮上有洞,还有货车挡路——在这关头)——这些人就没有一个周全的计划,家人们不该被卷入这场行动……我前往花园深处,告诉他们完蛋了——而且他们还被人看到了。

［节选自用打字机写给弗兰卡的信，1962年12月25日，出版于《至弗兰卡(1961—1973)》，出版信息如前，第309页。］

［……］这让我突然想到，我昨晚做了一个关于**马**的梦，梦的内容很夸张，是一场马匹的展示比赛，赢家是一个骑着一匹很长、很灵活、很优雅的马的男人，但人们看不到他骑着马跑步，人们只能看到他坐在那匹马上，马也是坐姿，直着长长的身体，蹲坐在并拢的后掌上，看起来特别优雅……它显然是一匹母马，而且显然只要它"展开"身体，就能跑得飞快，因为它的身体很长、很灵活……我突然觉得我也能参加比赛，因为我也有一匹**属于我的母马**，能跑得比那匹马还快，它在马厩里，我去看它，这是一匹**绿色的母马**[与马塞尔·艾梅(Marcel Aymé)所想的完全不同，绿色意味着年轻、易激动、充满力量、急性子、暴躁、生命力、不服管教、几乎是野性的状态，它被强迫关在马厩里，脏兮兮的，与赛场上那匹马所表现出来的所有优雅的美德毫不相干，但同时也更迅捷、更厉害，总而言之，像是充满了生命力］，有一股蛮劲，强壮得让人没办法把它带到赛场上去！！(就好像它没有做好准备，就好像它太野性了，没能被训练好，就好像是因为许多种原因，既是因为礼节与外表的问题，**也是因为它太野性，让人没办法量化它的训练度**，就没能让它参加比赛……)我去看它，它就在那儿，踏着马蹄，皮肤松弛着，有着"绿色"的身体……之后的事我就不记得了。为什么我要对你讲这个？对，就是为了 cavale① 这个词……在这些联系中，应该包含了不少

---

① "cavale"既有"良种牝马"的意思，也有"越狱逃跑"的意思。——译者注

事情，我就粗略讲讲，不深究了，但其中应该就有关于你的事，去发现它，弗兰卡，我相信你。[……]

十
1963 年
关于灰的梦

［用打字机写给弗兰卡的信，1963 年 3 月 14 日，发表于《致弗兰卡(1961—1973)》，出版信息如前，第 402—404 页。］

［……］在另一个晚上，我做了这样一个梦（是你劝我把梦都告诉你的，哪怕是那些我觉得很白痴的梦），但我还没记下来。在梦里，我下火车，来到一个外国（瑞士？意大利？反正是异国的风貌）车站，我迟到了，应该是上车晚了，或者是出了什么问题，总之我匆匆地赶到目的地，急忙去找父亲，他应该就在那里等我，所以**我就没把行李放在心上**。我手上只提着一个公文包（你见过的）和一个小行李箱。车站职工正在把行李塞进一个已经装满了的手推车上。我心里想着：好吧，我要把行李弄丢了，**不过这也没什么**，我也不想去找行李了，那太麻烦、太误事了，行李丢不丢都无所谓嘛！（我快速计算着，最后做出了价值判断：首先做重要的事，其他事情就随它去了！）。然后我就步行着和父亲离开了，一个男人正拉着手推车。路上。田园风光。最后我们到达了目的地，一座城市，一个新的车站。但车站里没有火车：这是一个没有火车的车站——它更像是一个包裹和行李的仓库，就像是"行李寄存点"（desposito di bagagli，应该是这样说的，我在博洛尼亚见过）（我马上想到：对了，我在这里取过行李，当时还有米诺①、你和克洛迪娜②）。员工们正在进行行李的分类和派发。我要去找找我的行李在不在这

---

① 米诺·希蓝·马多尼亚（Mino Hiram Madonia，1923—1976），弗兰卡的丈夫。
② 克洛迪娜·菲特（Clandine Fitte），阿根廷人，弗兰卡与乔万娜（Giovanna）的朋友，米诺的妹妹，画家莱奥纳多·格雷莫尼尼（Leonardo Cremonini）的伴侣。

里。他们把我的小皮包递给我。但没有行李箱。很烦躁：在行李箱里有许多珍贵的书，倒不是它们价格很贵，但都是些绝版书，很难再找到了。不过在我的公文包里，还有一些手稿和你的信件，这才是最关键的东西。尽管我因为丢了书很烦躁，但我知道，这些绝版书籍只是很次要的东西，这个公文包以及其中你写给我的信，才是**最关键的**，我又想到：只要我还有她的信，我就还有她的**地址**[我突然想起来：我以前对她讲过一些和她的地址有关的事，我记得我对你讲过一些和你的地址有关的、重要的事情，我想啊，想啊，我觉得要说的话已经到嘴边了，但我就是说不出口，怎么回事呢，话已经到嘴边了，就是讲不出来，但无论要多久，我一定要想起来我曾经对你讲过什么关于你的地址的话：这就在梦中形成了一个**循环**——我对她讲过——对你讲过——一些关于你的地址的事情……就好像是我把**你的**地址给你的，但如果我想去找你、给你写信、和你说话或者去拜访你，我又需要**你的**地址才行，我需要你的地址，这个地址属于你，而且是我给你的……这就好像是我明确且十分紧急地需要一个我给你的东西，来与你联系（写信、谈话、拜访等），也就是说我没办法独自找到一件我给你的东西，这个东西就是你的地址，是我给你的！也就是说我需要你才能找到一个我给你的东西，即你的**地址**！]但我已经有了这个地址，就在你的信上，只要我还带着你的信，我就没什么好担心的，哪怕我想不起你的地址了，哪怕你的地址已经在我嘴边了，可我就是讲不出来。我有你的信。这才是关键所在。不过我的行李箱还没找到呢（里面有我的书……），我惊讶地看到车站员工已经组织起来，有条不紊地寻找我的箱子，并且他们很肯定自己能找到，还对我保证了，比我自己都更有信心，他们是某种警察，正在"车站"的周围和乡下暴力地搜索着我的箱子。但他们什么也没找到。然后他们趾高气扬地回来了，对我说，用尽了办法也没能找到我的箱子，所以他们要给我**一个箱子**，当然，是另一个箱子。他们要怎么做呢？他们指给我看了。他们正要搜查车站的地下室，那里有阶梯和稻草堆，好些流浪汉就在那里过夜。白天，流浪汉不在那里，但他们把**自己的箱子**留在了原地。所以这些"警察员工"就要去其中找一个箱子来给我：他们给了我一个破破烂烂的箱子，开关都生锈了，铰链也不好用，并且比我原本的箱子更小。说实话，我才不要这个箱子呢，我不在乎。但他们坚持把箱子给我，我才明白这个箱子是他们从一个**年轻的流浪汉**那里拿来的，里面有他全部的家当：只有两三件东西，一把毛刷、一面镜子，还有一个我叫不上名字的东西，全都脏兮兮的。还有一张小纸片，上面写着几行字，像是某种**犯罪线索**，或是某种将对其自身不利的认罪证词。也就是说，趁着流浪汉**不在场**，这些车站警察拿走了他的破箱子，里面有他全部的家当，还因此获得了可以追捕这位可怜的**年轻人**的证据，因为他们在箱子里发现了他的认罪证词。我心烦意乱，像要发呕。我对这位可怜人产生了某种无限的同情，或者无限的爱，他人都不在，就被剥夺了一切，甚至可能被别人伤害，而这一切都是**因为我的缘故**，至少车站警察就是这么认为的，他们说，他们之所以这么做，都是**因为我的缘故**。我再也忍不住了，爆发了，流着泪对他们大喊，辱骂他们，我对他们说，他们都是罪犯，我根本不在乎我的箱子，也不在乎箱子里的东西，我统统不在乎，如果我在乎我的箱子，我会小心保管的，我又不是小孩子，如果我没有保管好我的箱子，那是因为我决定了不保管它,那是因为我认为别的东西更重要,我知道怎么选出最重要的东西。我骂他们都是懦夫,自以为履行了责任,但其实都是些可怜虫,我越是大喊,就越伤心,就越愤怒,这满腔的怒火让我忍不住号啕大哭。他们靠着铁栏站成一排,就像在立定站队一样,手上拿着帽子〔我想——这个想法不是梦里的:这很像维勒斯(Welles)的电影《审判》(*Le Procès*)中的一幕;他们就好像在拍电影〕,我这时悲愤到了极点,推搡着他们,还用手上的皮包打他们,他们吓得发抖,四下逃散。马上就空无一人了,只留我自己站在田野里。我的父亲来了,坐在我身边,在我脚边,一言不发,说得不客气点,就像条狗,是的,就像一条安静的听话的狗。我们都沉默着。突然,我发现自己终于想起了**你的地址**。是一个词,仅仅一个词而已,我反复地讲了好多遍。这个词就是(我记得非常清楚):viapia①。然后我打开了公文包,里面有你的信。我所有的书也在里面。

你也会认为,这个梦有很多可以研究的地方吧。我们已经好好地研究过了。

我要去美美地睡一觉了,睡到天亮。②

---

① 在1963年3月12日的信中,弗兰卡提到了在罗马亚壁古道上一家餐馆里与阿尔都塞的激烈讨论。
② 加上手稿。

［用打字机写给弗兰卡的信,1963 年 3 月 17 日,出版于《致弗兰卡(1961—1973)》,出版信息如前,第 404—407 页。］

大概是 3 月 17 日,周日

昨天晚上梦到了灰。那个梦很特别,因为是梦中梦。我做了一个和灰有关的梦。我在一个大花园里,有柔软的沙子,被小雨打湿了,踩在脚下沙沙作响。在我身后(有一座白房子,尽管我一开始没看到它,但我知道它在那里。它是维多利亚式的,就像英国老照片里的那样,有两三条长长的阶梯,一直通向门前的台阶)。一个老人从花园深处来到我面前(藏在树丛中),拉着一辆推车,他和推车之间用皮带连接起来,就好像他是拉车的牲口,他拉着车,头往前倾,整个身体都紧绷着用力。但我知道这辆车很**轻**。他把**灰**(cendre)拉给了我。推车有肩膀那么高,车身是木板做的,装满了灰,灰在车板上堆成了一座小山,我听到了灰的沉默,我听到了**它发出的沉默声**,尽管被园丁踩沙的声音盖住了。是的,应该就是园丁发出的声音,我闻到他的味道了。一种陈年的烟草味(他的小胡子,烟草味就留在他的小胡子上)(我知道他是我的爷爷,我猜的——但我们先来讲梦)。尽管那人使了很大的劲儿,但我知道那辆推车很**轻**,因为这是拉灰的车。有人在花园深处为我烧了一棵雪松,但花园里的树太多了,多一棵少一棵也没什么区别,还是那么密集。//正写着,我突然想到:灰—雪松①……//老人拉来了车,把灰倾倒在我的脚前。我知道我应该是在**做一个关于灰的梦**。灰的轻柔令人难以置信,它是灰色的,但是一种明亮的灰色,灰色的粉,就好像曾有一双无限温柔的手,往里面添加了一些亮灰色的粉末。我伸手去捧灰,但又不让自己把灰捧起来,我在灰里寻找着,不只在表面寻找着,也在灰的深处寻找着,加入其中的亮灰色的粉末,其实就是其本身的灰。园丁(他有浓密的小胡子)离开了。我继续在灰里找灰,缓缓地四下摸索了很长时间,灰发出的声音改变了,不再是**沉默**,而是羽毛的声音,抚摸羽毛的声音,就像是抚摸头发的声音。对,就是抚摸头发的声音。我**应该是在做梦**。突然,身后有人猛地拉我:有两个人来找我了。他们拽着我的手臂。这很正常,我告诉自己,这显然很正常,因为我**不是在做梦**。他们的腰带上别着手枪,戴着军帽,一言不发地拽着我走。我们走上房子的过道,这时候我才看见了房子的正面:一种令人无法承受的洁白,光芒四射,甚至刺痛了我的眼睛,我觉得这太诡异了,这一座英式老房子,有上百年历史了,怎么可以这么白得刺眼?他们把我带进了房子,我们穿过客厅,穿过一间墙上由许多画像(人像)的房间,最后来到一个小房间,也是白色的,洁白得就像房屋正面的墙,这也是一种令人难以承受的白。他们让我坐在椅子上,自己则坐在桌子后面,开始审讯。我知道他们要问什么,我知道他们想从我这里得到什么,但我决定了**决不退让**②。我让他们把窗帘拉开,我

---

① 在法语里,"灰"(cendre)与"雪松"(cèdre)两个词的发音相近。——译者注
② "退让"在法语原文中为"céder",也是一个与"灰"和"雪松"发音相近的词。——译者注

的眼睛太痛了。他们说不。我向他们要其他东西（应该是水，或者其他什么重要的东西，我忘了），他们还是说不。我知道了他们只会说不。这场审讯，就是说不。我就开始对他们提各种各样的要求，**好让他们说不**，好让他们以最快的速度说不，好让他们把所有的"不"说完，这样就能结束审讯。//这确实是一场特别的审讯：他们不问我任何问题，只是拒绝我的所有要求。//他们只会说不，不厌其烦地说个不停。突然，我明白了，他们说**不**，是因为我对他们有所要求，他们说不，是因为我对他们表达了某种欲望或某种需求。现在我懂了，只要我还有欲望要表达，只要我还向他们提要求，审讯就不会结束……是我被拒绝的欲望决定了审讯的时长……但同时我也陷入了深深的恐惧中，因为我发现心中有无数的欲望，正等待着被我表达出来，就好像排着队一样……而队伍又长得看不到尽头。我继续表达着欲望，累坏了，讲了好长时间，他们只是说不，我意识到了，这场审讯将**永无止境**，因为我的问题（要求）永无止境，他们对我的拒绝也将永无止境。这一切只是因为我心中回响着的一句话：我决不退让。突然，一个东西出现在了这一堆的欲望与要求中，我发现我其实只有一个欲望，所有其他的欲望都在它面前消散了，被吸收了：**找回那些灰**，我的灰，它们的联系，它们的触感，它们的温柔，它们的声音。这个欲望压倒了一切，除此以外再没有别的欲望了（尽管我仍然一直向看守们提着要求，但这只是为了蒙骗他们）。我感觉自己就像站在深渊前一样，头晕目眩：我明白了，我想**拯救这个唯一的欲望**，而只有让它**别说话**，才能避免让它被"不"摧毁。我在最后一刻才明白这件事，就在我准备开口说出这个欲望的时候，我成功地闭上了嘴。随后便是一片安静……然后在另一段长长的梦之后（我忘了我还梦到什么了，总之还发生了一些事），我听到了沙子的声音。我在外面的花园里。没有人。没有园丁，也没有推车。**这里没有灰**。但我毫不惊讶，因为我早就对此有了沉闷的、深刻的、冷静的认知：这里没有灰，因为**我之前是在做一个和这些灰有关的梦**。我知道这里已经不是同一个花园，也不是同一间屋子（在我身后）。我走向树林，走向花园深处。我看见了一片广袤的地区，花园就俯临着一整片原野。**那棵雪松就在那里**。无论是树干还是树枝都无损，整棵树都完好。在雪松树下，我看见一个人坐着，膝盖上摊着一本书，她埋头读着书，头发都垂了下来。那就是你。那本书，就是我的梦。**你正在读我的梦**。

[……]

周二，晚上七点。昨天没能给你寄出这封信。这个梦刚做完，就在我脑海里萦绕了两天。我把这个梦写了下来，既是为了你，也是为了我自己。读了以后，我觉得这个梦既鲜明又模糊，所以我不确定自己是否应该告诉你这个梦。但我知道，一个人不可能独自理解自己的梦。（我每晚都做梦，做好多梦。）我发现了一条所谓的能指链，也就是**灰**——**雪松**——**我决不退让**……这些词，并且显然存在着一个荒谬的冲突结构，而我之所以能成功地走出这个结构，是因为我达成了一个悖论性的条件：**不告诉**那些会**拒绝我**的人**我想要的东西**，自我克制，不讲出自己内心最深的欲望。我还注意到了，这个欲望与灰产生了联系，灰在梦中承载着异乎寻常的丰富情

《战俘日记》片段,写于 XA 号战俘营
(我们看到日记的每一页都盖上了战俘营管教的章)
转录稿第 14、15 页

5 mai 49

— sur une route bordée à droite d'un talus et plus loin un mur. Je marche et suis une femme dans une demie obscurité : il faut que je l'aborde et que f de gré ou de force je fasse l'amour avec elle — sorte d'épreuve sur moi mêlée au désir qui m'habite et auquel je décide de donner cet objet ; je pourrai faire l'amour avec n'importe qui.

Je l'aborde, parle un peu, et vois tout de suite que, toute provoquante qu'elle soit, cette femme est ferme de chair et d'âme et ne me cède pas : elle résiste, son visage sombre coupé de lèvres rouges dans l'ombre ; courte lutte à laquelle elle s'oppose à demi dans le silence — je la couche sur le talus et commence à la caresser : elle est bien ferme et se laisse faire avec une sorte de dureté comme si toute sa résistance et son refus plus qu'en son âme étaient attachés à la chair de son corps.

Ici une coupure — et je me retrouve nu auprès d'elle à Laroche, sur un lit adossé au mur de la pièce du jardin : la place des pièces contiguës est inversée : à travers la vitre, dans le repos — elle silencieuse à demi dans le drap, moi tout à l'air allongé contre le traversin, le haut du corps pesant sur le coude — je vois soudain & ma grand mère et mon père qui me regardent : ils ont tiré le rideau — mon père est en retrait la main sur l'épaule de ma grand mère — la désolation silencieuse du visage de grand mère, une désolation sans fond qui allonge ses traits et ce regard muet contre lequel je me durcis : il y a en lui du reproche et la douleur de la résignation, c'est tous on ne peut rien lui dire ce qu'il faut est bien ce puisqu'il le fait, mais de quel prix faut il payer ce silence : tout ce qui est derrière ce visage est mort désormais pour elle, et elle le sait — et pourvu mon dieu qu'au moins cette fille soit digne de l'attente, le malheur serait moins grand si du

UNIVERSITÉ DE PARIS
ÉCOLE NORMALE SUPÉRIEURE
45, RUE D'ULM
ODÉON 06-45
LE SECRÉTAIRE

— 1 rêve : suis dans une famille où apparemment en haut vaste salle où aller. J'y couche et le matin je me lève tôt et sors, pour mon compte, pour moi — Ds l'rêve je sors 2 fois et à la seconde je rentre mon père se lève à peine il me demande d'où j'ai été je lui réponds en lui donnant des plans pour son petit déjeuner plan que j'ai rapporté. L'explication doit suffire. Ma mère, toujours, ds 5 parages je lui dis qu'il faudra faire changer mon adresse (à la poste, au CCP ?) avec l'ancienne ou avec celle de la personne dont j'ai pris la place. Je vois ds l'escalier que je remonte et je calcule — c'est la guerre il va falloir que je me débrouille pour que les banquets s'avitaillent — en faisant the la représentation ?

— [suis en route : 2 chemins, s'offrent pour descendre, je prends le + rapide ? — et en bas au croisement, tout à ma gauche ds autos, je prends l'autre je remonte] en vous de route un homme me fait une démonstration géométrique pour m'expliquer

1949—1950 年的梦
转录稿第 42、43 页

8.2.62

petit train que je prends (wagons à banque-
ttes comme tramway). Gard de départ. On
met en vente 1 betterave rouge, comme pe-
tit déjeuner. Une seule. Comme aux enchè-
res. Un voyageur riche l'achètera. Moi,
malin, je trouve une solution : sur un
étal de la gare, il y a une betterave blan-
che épeluchée, je l'achèterai avec un radi
long (à moitié mangé, mou) et une casquet-
te (je "resquille"la casquette entre la
betterave et le radis, après je l'aurai
sur la tête, elle me va à merveille, en
tissu d'aspect gauffre). Combien ? Je don-
ne, avant d'avoir la réponse, une pièce de
100 frs. La marchande (qui bavardait à
l'écart de son étal) me rend plus de 100
frs...(je craignais d'avoir donné trop
peu, et donnais seulement 100 frs pour
"conjurer" le prix, pour qu'il ne soit pas
trop élevé.)...Bon. Dans le train, choisir
une place pour manger, une banquette avec
table en face.........puis se posera un
grave problème: L'enregistrement de ma
malle. Je l'ai apportée précédemment à
une gare plus éloignée, qui est sur le
trajet du train que j'ai pris. Je cherche
rai (dans un moment) le nom de cette ga-
re : Millay ? Autun ? Mais je n'ai pu
alors l'enregistrer puisque je suis main-
tenant dans le train. Je raisonne : j'ai
d'abord cru qu'elle était dans un autre
wagon, plus en avant dans le train, un
wagon plus confortable, le wagon du train
définitif, incorporé dans ce petit train
matinal-local. J'ai alors pensé qu'il suf-
fisait que je rejoigne ce wagon, en remon-
tant le train, pour la retrouver. Mais
je m'aperçois que ce n'est pas possible.

1962 年 2 月 8 日的梦
转录稿第 69、70 页

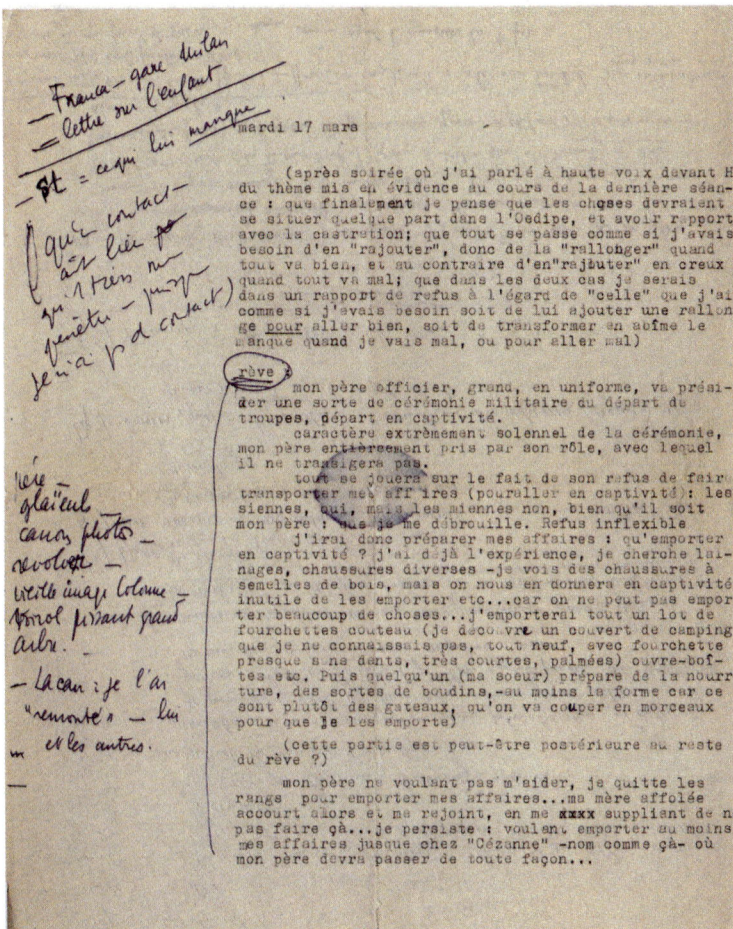

1964年3月17日的梦
转录稿第94、95页

1964年的梦
转录稿第 109 页

10 aout 64

deux rêves : à deux jours de distance

1/ je dois tuer ma soeur, ou elle doit mourir, il y a une obligation impossible à éviter, un devoir, presque devoir de conscience, avant une date ou heure prescrite. la tuer avec son accord d'ailleurs : sorte de communion pathétique dans le sacrifice (qui me rappelle quelquechose : je ne sais d'où, très lointain, avec une sorte de gout du pathétique communiant...je dirais presque comme un arrière gout de faire l'amour, comme un découvrir les entrailles-de-ma-mère ou soeur, son cou, sa gorge, pour lui faire du bien : sentiment un peu comparable au sentiment éprouvé en soignant soit ma mère soit ma soeur, soit ma grand-mère (souvenir précis : Laroche, à près son attaque), les soignant donc pour leur bien, mais devant pour cela découvrir quelquechose de leur nudité, sexe, poitrine etc. sentiment d'oblation intense : ne pas voir le sexe comme tel, mais voir l'autre personne malade : je fais le sacrifice de ne pas regarder le sexe comme tel, oblation, je s crifie mon sexe, mon désir etc. à l'acte de salut que j'opère) (je détourne les yeux) (je sais que je fais bien, je sais que je suis dans le devoir : cette discrétion du regard). Pénétrer dans leur intimité pour les soigner-sauver...très proche du pathétique de la mort donnée à ma soeur : pénétrer dans son intimité, violer son corps, sa gorge, lui donner la mort (qui la sauvera : qui fera que l'ordre aura été respecté) pour la sauver-soigner...

substitut d'un acte érotique-sexuel : a la meme chaleur affective-pathétique de don que le moment du spasme dans un acte sexuel de typé dévoument.

je rapproche cela de l'émotion intense, et terriblement traumatisante de ma première masturbation et surtout de mon premier acte sexuel : comme si je mourais dans l'éjection le souffle coupé suspendu , et comme si cette éjection était vécue comme une oblation : faire l'amour pour...le don du sperme (vie, souffle, halètement)...exactement comme le don de la mort dans le rêve.

je suis lié à ce don de la mort dans une communion avec ma soeur, et c'est pour son salut que je dois la tuer, en pénétrant dans sa gorge avec le maximum de ferveur (comme on soigne un grand malade)(image de ce petit homme que j'ai veillé et vu mourir en captivité)

donner la mort xxxxx comme un don pour l'autre, en lui faisant le moins de mal possible, sans rechercher mon plaisir à moi ou mon bien : réconcilié avec la personne que je tue...affectivement réconcilié, pardonné, bien mieux approuvé, elle consent, dit oui, c'est parce qu'elle le veut et demande, sait qu'il faut y passer que je l'aide...

cela : effusion chaleureuse oblative de la mort donnée comparable à l'éjection chaleureuse oblative des premiers actes sexuels. Entre moi et ma partenaire / : la mort, ou une image de désastre commun dans la communion de la chaleur

1964年8月10日的预兆性的梦
（蓝色着重线是阿尔都塞1984年根据精神分析师勒内·迪亚特金的要求加上的）
转录稿第137、138页

与于尔医生的"交谈"笔记的第一页

感,它柔软得像皮肤,像羽毛和头发(在梦中),柔软得像"感人的眼泪",它令人心碎,同时又令人深深地感到放心和快乐,我觉得它就像记忆深处的某种童年的需要,某种在回忆中令人依恋的东西。同时也存在着这样一种异样的结构(在梦里我就发现了!):做一个与那些灰有关的梦,并且当我成功地闭口不言、以此拯救了这个根本的欲望(那些灰)时,当我出门走到花园,或者当我重新身处花园时,我知道我刚刚在做什么——我做了一个与那些灰有关的梦(那确实是一个梦:灰实际上不在那里)——很显然,这两件事其实是一件事:(1)做一个和那些灰有关的梦;(2)发现对那些灰的欲望是我唯一的、根本的、必需的欲望。"做这个梦",也就意味着发现和拯救这个欲望。之后的事就**太明显**了。环境没有改变(所以梦的目的是探索),又或者在第一次的环境中[花园,雪松,下方的原野,花园的变动很有意思,它与我的一些遥远的记忆有关,我就是在一个**俯临了一整片地区**的花园里度过了童年,也就是我的爷爷作为守林人所拥有的那个花园和林中小屋,就在阿尔及尔(Alger)的上方,在"布洛涅森林"(Bois de Boulogne)里,——我们就这样俯临着阿尔及尔以及远方的海洋……我也想起了贝尔蒂诺罗(Bertinoro)的那个花园①,并且我突然想起来,贝尔蒂诺罗的花园里也有一些雪松……爷爷在阿尔及尔的花园里也有雪松……是的,我开始想起这些有关联的事了,肯定还有更多的事情可以想出来!]我说过梦的结局无疑是**太明显**了(后面想起来的这些相关

---

① 马多妮亚的房产,在弗勒礼市附近,后者位于艾米莉-罗马涅省的东部,靠近拉文纳。

联的事物给梦赋予了深刻性，我在开始写这段话的时候还没看出来，一边写着才发现的）。我说过梦的结局无疑是太明显了，因为对比原来的环境，花园里有一些东西被更新了，或者说一些新的东西出现了（雪松取代了它的灰烬，被俯临的地区，让我想起了阿尔及尔、我的童年）我发现你在雪松树下，正在读**我的梦**。这无疑是梦中的信号，指出这个梦是为你而做的，为了让你能够读它。我相信这也是我把这封信寄给你的理由，回味了一遍这个梦之后，我现在才发现，我做这个梦，就是为了能把它记在写给你的信中，让你读它。这就是我做这个梦的首要动机的深层逻辑。

［……］

十一
1964 年

a. 寻找真正的父亲

[以下的所有内容都被记录在了一张 21 厘米×27 厘米的对折的纸上，上面手写着标题"梦"。]

［用打字机写在对折的纸上，纸里面夹着其他的纸张。］

——外面有急促的警报声。然而既不是周四，也不在打仗……但是空中的确有许多看上去像是白血肠的东西，随后有大量的白色降落伞飘了下来，很纤细，有一些就落在了屋子的旁边，像是透明的花冠……有毒？我认出空中还有几架超音速飞机。

我的母亲（？）找到了收音机的按钮（不是很好用），有人正在谈论贸易合约？？？

天上继续掉着降落伞，我试着拿来收音机，但找不到按钮的位置了……我们关上了门，避免危险……我看见一架大飞机在屋子旁着陆：它的尾部是一个圆圆的肛门，有好几个圈。

——露天沙滩，会有太阳吗？我带着 H 来这里，劝她在这里好好享受……但她不和我来，而是找了一处地下森林，那里风比较小——外面在刮大风。

我呢，我要去外面，在森林边上有一些小男孩正在搭建一座小屋：我想偷走那个撂在地上的锤子……我回去找 H，她有些无聊，我就去外面为她找一处能避风的地方。

〔正面：用打字机写在 21 厘米×27 厘米的纸上。文本边上还有一些手写的注脚，没有录入本文。〕

3月17日周二

〔在晚间聚会上，我当着 H 的面，大声谈论着我在之前一堂课上讨论的主题：总归我记得是《俄狄浦斯王》(l'Œdipe)里面的某些内容，与阉割有关。事情是这样的：当我觉得自己讲得很顺利的时候，我就会"增加"一些东西，让我的话"更长"，而如果讲得不顺，我就会"增加"许多空白。这样无论讲得顺还是不顺，我都拒绝了自己本来的"那个意思"，因为要是讲得顺利，我就会增加一些东西把话变得更长，而要是讲得不顺，或者我有意要讲得不顺呢，我就会留下许多缺漏，让自己的话变得空洞。〕

梦：

我的父亲，一名高大的军官，穿着制服，即将主持一场纪念部队启程的军事典礼，我们要启程去战俘营。

典礼非常隆重，父亲完全投入了他的角色，他不允许这个角色受到损害。

梦的故事就是他拒绝运送我的行李（去战俘营）：他运走了自己的东西，但拒绝运走我的东西，尽管他是我的父亲——我得自己搞定这件事。他拒绝得不留余地。

于是我就去整理行李：要带哪些东西去战俘营呢？我是有经验的，我找来一些毛绒制品，还有几双鞋：我看见几双鞋底是木制的鞋，但战俘营里会有人派发的，没必要带去……我可没办法带太多东西……我带了几把刀叉(我找到了一套我没见过的野餐餐具,全新的,叉子上几乎没齿,很短,像鸭掌一样)还有开罐器等……然后有人在准备食物(我的妹妹),一些血肠一样的东西,准确地说是看上去像血肠一样的蛋糕,被切成小块,好让我打包带走。

(也许这一部分才是梦的结尾?)

父亲不愿意帮助我,我就离队去拿行李……母亲惊慌失措地跑来,找到我,请求我别这么做……我坚持:希望至少把我的行李送到"塞尚"(Cézanne)——梦里就是这样的名字——反正父亲一定会经过那里的……

[用打字机写在 21×27 厘米的纸上。]

3月29—30日

——一匹马……我父亲的马,我骑着它下台阶(担心它会摔倒——但没有),我在下面等着,这匹马:它的头在我的手掌下,暖暖的,充满了柔情,就好像它认识我一样(我相信我在等人,越来越焦躁,但我的家人就是不来,他们不跟着我……)

——滑雪:我带领着一队人,其中有我的妹妹(还有其他的女孩和女人),到达一个山坡的顶点,滑下去:我在坡顶前面,这能让我滑得更快……这个山坡的坡度不大,但也足够了,我只需要一点小坡就可以出发……所以在梦里,我滑雪的速度比我的妹妹以及其他人更快。然后,如何才能滑到谷底?有一条河,我提醒自己:注意河(一条窄窄的水道,只能算是小溪)上的雪可能不结实,如果塌了我会弄湿脚!从旁边走,绕过小河——但要翻过一些小山丘,那里比较难走。

3月31日

我们在高速公路上开着车,准备出城,去乡下度假?左侧是无边的丛林,虽然树都不高,但很繁密,铺满了尘沙……我在左边找到了一条泥路,通往密林……也许能找到住的地方?就出现了一片破旧的房屋,我寻找着告示牌,这里应该有旅馆的,有一些布告牌,但没有旅馆,这些房屋很破旧,有小孩,到处都脏兮兮的(我一边找着旅馆,一边在心里想着:如果找不到,那倒是省了钱……)这片房屋被困在了密林里,更远的地方有一条宽阔的高速公路,向下倾斜着,直通到密林边缘的盆地……我觉得是路,但其实是一条排水管道……没办法了,房屋里还发出了公路上的汽车声;我只好往回走。

4月1日

梦的片段:我和一个人在一起,我催他去原住民的帐篷——印第安人?——找衣服,原住民的衣服,给我们穿,这是一种圆锥形的衣服,和圆锥形的帐篷差不多……

[用打字机写在21厘米×27厘米的纸上。]

4月2日周四

下午去了洛朗(斯泰弗南)①的会诊。没有收获。我把那个长长的梦又讲了一遍,但还是只能观察到了一些浅显的、结构性的内容。不过也有一两个新的发现:父亲在梦中的举止与在现实中不同:他接待了客人……他还给母亲买了许多礼物,给她布置了一间豪华的卧室,自己则住进了一间简陋的小木屋。

如何把这一点和其他事情联系起来呢?

对我妹妹的担心似乎推翻了一切。

梦的主题是父亲的**存款**,我们都知道他有存款,我看到他建造了许多东西,还有他的工场——石油——他在那里工作,有许多收入……这样看来,梦就暗示了父亲有**许多存款**,我们可以花,比如他就给母亲花了不少钱(至于我们:我拥有了一间在他们楼上的卧室),妹妹也因此能够大手大脚……也就是说,他**庇护**了我们(这是一个愿望吗?父亲用这些存款庇护了我们?一个新的父亲的形象从无中构筑起来了?)

父亲的房间有些奇怪:很简陋,像是澡堂一样(沙滩……威尼斯?),又小又窄。这个房间同时也是关押犯人的监狱……既是监狱,又是卧室,作为父亲的卧室也太简陋了……它同时又有监狱的功能。这就是梦的另一面?父亲没有为自己花钱?除了在此监禁

---

① 洛朗·斯泰弗南(Laurent Stévenin),在1947年至1963年间是阿尔都塞的精神分析师。

其他人？他太穷困了……这个黏土造的小屋同时也是监狱？

我的一些被忽略的动作：侵略性的姿态，或是在冒险，或是在讽刺——我试**图重新变得**具有侵略性。

打弹弓，尽管这把弹弓不太好用，因为它的弹力绳是用鼻涕虫做的（弹弓具有杀伤力，本应绷紧的弹力绳却被换成了鼻涕虫）。

我在梦里的立场很滑稽。

恐惧的对象很明显（金钱，资源），但同时我还要研究一下那些被我忽略的动作，还有那个无力的弹弓……

还有家庭被**隐藏**起来的一面：不要为他们担忧，他们有自己的办法？是他们自己把私事对我保密的。

有没有可能这才是梦的关键点：父亲其实就是我。所以才会有木板和黏土搭起来的屋子，穷酸的小屋，监狱一样狭窄的小屋，等等。而这间小屋就位于被扩建的房屋旁边……反差。

[用打字机写在 21 厘米×27 厘米的纸上。文本边上还有一些手写的注脚，没有录入本文。]

——在拉罗什：妹妹把家展示给我看。家被改造过了，比原本高了一半（添置了作为隔间的第二层，并在上面用涂料把它藏起来）。我们还添置了壁炉，转角是用木头做的，嵌在房梁结构里，就像诺曼底式的屋子一样？

我对妹妹说：我不同意这么改。这样改不仅比例失调，还会**丧失视野**，这个房子现在太大了，从周边视角狭窄的街道上根本看不到，我还去找了找是否有什么地方可以看到它。没有。

——在寻找视角的过程中，我还发现屋子以外的东西也被改变了：街道被改变了。然后我发现在新建筑的背后，有一个还未完成的建筑骨架，正**对着海**，就像是拱形的高架水渠，这似乎是一个**待建**的工程，一旦人们有了能力，就会开始施工（我后来才发现，在拱廊上面还有很高的游泳池）……

——然后我发现在临海的建筑中，有一处住宅，姐妹们领我进去（我有好多个姐妹）（我有好多个不认识的姐妹和兄弟，其中有一个姐妹在儿时夭折了——我也**不知道父母的生平**，他们对我隐瞒了，我将发现他们的生活，梦就是要我去发现他们的生活……）。

——这座住宅很豪华，我是从上面参观它的，在一根光滑的（深色）木头支柱上，支柱的形状像圣杯，其实只是简单地立在地上而已:我在圣杯上面,没办法下来,除非把圣杯的柄摇晃到墙的那头,但是太高了我下不来,我叫我的姐妹来帮忙。需要一把钥匙?爬梯?灯光?才能下来……不是我第一次见到的那个姐妹,她不在这里,在场的是另一个……

——父亲指给我看母亲的房间,就面对着大海(我以前见过这样的风景:被分割成一段一段的海岸,景色非常优美,只是下面还有一座房子,会让母亲讨厌吗?)。母亲的房间就正对着大海:它的前厅一直延伸到海里,地板是水泥和石头做的,海水就一波一波地打来,拍在镶嵌于地板中的美极了的彩色珊瑚上。在房间里面有黑色大理石做的雕塑。

——父亲也有一个房间,但不在这里,在外面,露天的,是一个陈旧、窄小的简陋小屋,门在中间,屋内两侧的空间被压缩到最窄,左右都放着东西:左侧有洗手池,右侧(这里这么窄,怎么放得下?)有一张床,父亲的床,整个房间都很穷酸,刷着粉色的意大利灰泥,已经很老旧了——**白天这里就关着犯人**(所以房间有两种职能)。

——这时我对父亲的境遇的看法改变了(他的名字叫罗杰,就刻在母亲房间里的纪念品礼盒上,父亲显然很宠母亲,给她买了一堆礼物)——我说出了心声:这太棒了!(我在开头与妹妹的争论终于结束了,我不再反对房屋改造)

——父亲接待了许多宾客,在场的有一些高师的学生,还有一些英国和波兰的军官。其中有一个人是戴高乐主义者,他说他被工作累坏了(他看上去疯疯癫癫的)。我讥讽道:在高师,我们忙着反对戴高乐主义,也累坏了(他的工作:与**消防**有关)。埃莱娜插嘴讲了句贬低戴高乐的俏皮话——然后我引用戴高乐本人的话纠正了她(当时有点害怕)。

——我想,在母亲的房间上面,应该还有一个有许多别的房间的楼层,它们**更高**,更方便观海(因为在她的房间里,除了拍打而来的海水,还有一道水坝,像是一排工厂里的柱子,挡住了视野)。

——在父亲房间的旁边,有一片紧邻大海的沙滩,停着许多海鸟、鹅以及其他鸟类。我找到了一个弹弓,想打鸟:试了几次以后,一只鸟都没打着,弹力绳还断了——**绳子是由某种带壳的软体动物做的,有点像鼻涕虫。**

——皮埃尔·戈迪拜①对我说,那里有个胖得像球一样的人(那个人给他留下了这么个印象),还很**讨厌**我,不会吧!我也不觉得他讨厌我呀。

——从前,父亲的孩子是很喜欢我的,我对他们说:你们这些小鬼在做什么呀?我觉得我讲的话有点滑稽,于是补充道:你们用

---

① 皮埃尔·戈迪拜(Pierre Gandibert,1928—2006),艺术史学家,埃莱娜的朋友。

它们思考！人们可以用这个或那个思考，我还举例：……（某种动物？）用什么思考呀？用鼻子思考！另外一种动物呢？用眼睛，用手，等等。小朋友，你用什么思考呀？等等。

——一直都是接待客人的气氛，我下楼梯去找朋友 X 和他的妻子，我试图取悦她，说她在"模仿一只鸟"。这也是一句要抓住的话……我准备这样抓住它，说我也一样，我也在模仿一只鸟：这时埃莱娜来了（她比现实中更高大、更强壮），我又开始**模仿狗**，学狗叫，以此（向埃莱娜）献殷勤。

——过了一会儿，我见到了父亲，他就在银行的中部，在他的比利时工地上：人们在这里找到了石油，正在架设开采工具——要把一个球（铁球？）安装到正确的部位……我对父亲说：你（尽管退休了，还在）工作的这间银行，这个矿场，值很多钱吧？是雷诺（Renault）的 14 倍……也就是说父亲比以前更有钱了……也就是出于这个原因，妹妹当时才凶巴巴地对他说：**卖掉你的小破屋！**我对他说，你现在很有钱吧：是的，比从前有钱，但我原则上不会露富，要避免法律问题，在你妹妹面前也要显得自己比较拮据，等等。

在这个梦之前：做了一个和保罗①一起去西班牙的梦。

我在上楼梯的时候发现，我的自行车上没有车灯——可是一

---

① 保罗·德戈德马尔（Paul de Gaudemar, 1919—1995），社会学家，路易·阿尔都塞的儿时朋友。

个葡萄牙人的有。

我就去买车灯,买了两次:第一次有人卖给了我一堆带引线的蜡球,可是要怎么装在自行车的车把上呢?怎样才能不让引线熄灭呢?然后我去了一家修车铺,解决了问题,他们给我装了一盏正常的车灯(价格更贵)[①]。

然后我发现,**我没法出发了**:还没通知校长。你也别想去了,保罗,要知道,去西班牙得好几天呢。

---

① 最后两个词是用蓝色圆珠笔手写上去的。

b. 家庭生活

〔本篇的全部文本都在阿尔都塞打算寄给高师校长的信中，日期标注为1964年6月2日。〕

[手写在21厘米×27厘米的纸上,分为两段,蓝色圆珠笔。删减了两段话以及所有不可识别的段落。]

——5月10日周日,与另一个人(女人,强壮,胖得"很占地方")一起收拾高师的公寓,这间公寓更大(更新)。在场的人有我、我的全家,还有她(她长得很像**肥胖版的**多米尼克·德桑蒂①)。

在某个角度,我拥有一扇窗户,可以以此再做一个房间。还有连接房间的问题没解决?

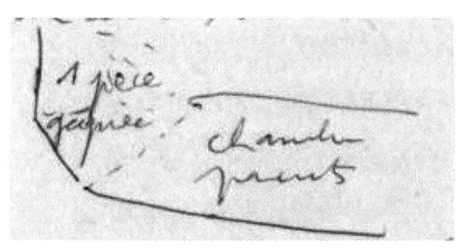

——另外,这个女人把"她的全部的世界"都带到了这个屋子里,狗,朋友,朋友的朋友,只要让她进了屋,她自己的存在就会侵占**一切**。

——然后出现了一个关键的问题,在这个问题上**我决不退让**:船的画像=虽然它的外表有着1900年的装饰风格,大理石,坠饰……但在这些约定成俗的规矩之外,必须由我来选择它的颜色=用淡绿色做背景=我与颜料商讨论了,他向我推荐了经典的

---

① 多米尼克·德桑蒂(Dominique Desanti),作家,记者,在共产党刊物《新批评》(*La Nouvelle Critique*)上很活跃,让-图桑·德桑蒂(Jean-Toussaint Dessanti)的妻子。

栗色颜料——我拒绝了——可他也没有淡绿色——最终采用了亮**粉色**。我一边挑选着颜色，一边思考还要画些什么＝船头。

[手写在21厘米×27厘米的纸上，分为两段，红色圆珠笔。]

5月12—13日，做了一系列的梦

做了几个美梦[就像昨天我梦到陪弗兰卡去车站，我迟到了，眼看着火车就要开走了，我就和弗兰卡一起跳进了最后一节车厢（木制的车厢），**意外地**和她一起乘火车出发了，我喜欢意外]。

这次我梦到再次和学生或者以前的学生一起踢球，尽管我比他们老得多，膝盖也不好，但还是因为自己的表现而高兴，我翻译了一份捷克的电报，上面有一张照片，还有我和另一个人的名字，而我们就是一场重大的足球比赛的胜利者，我向他们做了介绍，有意地把我的角色的重要性往小了说——然后是一场历史考试（我经常做关于会考的梦，我以前很怕）我发现我可以使用另一份财务报表：我就让同事去换了实验室的支出表，这样可以获得一些经费……

在此之前还做了一个梦，梦到了一场群众示威游行（很暴力）后，我和一些也参加了游行的以前的学生们一起。我刚从……山谷回来，我组织了示威游行。这样说不准确，但也差不多……总而言之，我（还有埃莱娜）被人们视作很有远见的人，可以在正确且必要的时机组织示威游行，等等。很高兴找到了（身体接触）洛吉耶①和米勒②(我想起来他们曾经是师生……)然后我们去吃东西，组织了一场餐会，买了一些食物……我缺席了一场集体庆典(我做了这么多事，可以休息一下了)，弥漫着色情的氛围：我获准同时与埃莱娜与弗兰卡约会(火车)。

……梦到和(更年轻的)F(弗兰卡)在一起。在一片私人园地，她挖出了许多陷进地里的腐烂的**梨**：我们有权拿走这些梨：它们不带半点杂质，像一团胶状物，很干净，是红色的……虽然表面有一点泥土，但很干净。既然它已经被人丢弃了，我们就可以合法地拿走它。我们回去了，好多人聚在一起？兽医来为一条狗看病，他无能为力，尸体(被切开了，像牛肉)被挂在墙上。我们看到了许多尸体：所以，有什么解决办法吗？我走进商店，买了一些大小不一的**面包干**(我对看店的小女孩说，这些面包干和这里的**所有其他物品**一样值钱)。

——(就像一个人看到面前的无花果园对他免费开放，并且还有人对他说：你想拿多少都没问题——他就毫无**节制**地**饕餮**一番。随后便因为放纵自己而生了病——债总是要还的。)

---

① 让·洛吉耶(Jean Laugier)，1954届高师文科学生，波尔多第三大学的拉丁文教授。
② 雅克-阿兰·米勒(Jacques-Alain Miller)，生于1944年，精神分析师。1962届高师学生，师从阿尔都塞。他成了雅克·拉康(Jacques Lacan)的女婿和继承人。

[手写在 21 厘米×27 厘米的纸上，分为两段，红色圆珠笔。]

5月15—16日

——唉，如果母亲当时没有抛弃这间屋子，现在是有办法解决屋子的问题的！我在拉罗什，找到了那间屋子，心里盘算着能不能从姨妈手里**买回来**……但我得知，这间老屋子最近被卖给了一个当地的农民，并且人家已经住进去了（屋子里有各种各样的旧东西——墙上挂着许多工具——我就寻思着要不要去把它们偷回来——屋子的新主人又不知道这些东西的价值）（我看到地板下：屋子既结实又稳固，维护起来也很简单——房梁很牢固，花不了多少钱）。房屋主人向我展示了这些工具里的一件，还同时出示了他计划改造房屋的证据：一把可以用来刷墙的喷射手枪，得用很大力气才能把它从枪套里拔出来，卡得太紧了（枪身还是手枪，枪头却是铅笔尖）。

所以没办法了——太晚了——好像我和埃莱娜，还有妹妹（？）一起上街——发生了一个典型的意外，一帮小孩嘲笑我。我用力地抓来一个小孩，威迫他住嘴（毫不留情）。

然后在村子里散步——无拘无束的小城。关键的情节：

1）橱窗里的一双滑雪鞋。我宣布，我不花钱就要穿走它们（鞋上有雪），这双（所谓的美式）帆布滑雪鞋并不贵。

2）我走在 H 和妹妹的前面，看不到她们了——去哪里找她们呢？去哪里找我的车？往回走吗？

3）滑雪鞋：没人看见我拿走了它们，偷走了它们——但我会处理好这个问题的（良心不安？），去一家不卖这种鞋的商店要这双鞋,这样我就会**被发现**了。

4) 夜幕降临,我还在城里,走在路上,流浪汉们就躺在地上(他们**就好像是为了被压扁**才躺在这里,这样就能与马路融为一体——我立刻就被这种忧郁感染了——在睡梦中自杀)。不过他们躺在中间,轮胎间的空隙使他们不会被压到——梦到了他们进行色情活动:他们躺着,互相帮忙手淫,所有人都可以看见他们,看得移不开眼,他们在公开场合互相解裤子,互相手淫,等等。**他们也**有权这么做。

同一个晚上:梦到高师的研究所里组成了一个新的研究团队。我领导着这个团队,与两三个博物学家一起观察一些特别的**植物**(花,灌木):这些植物是**有记忆的**,我们可以研究它们的"**心理宣泄**"(梦里的文字游戏,**化学反应**与**心理宣泄**①)。

有一名博物学导师协助我。他带来了他的器材,但还需要一名实验助手去清洗那些试管(这名博物学导师很年轻,喘着气)。

然后我就去(已经是中午了,吃饭的时间)找遍了高师的各个部门,不惜代价也要找到一名实验助手。我去问迪厄拉富瓦(Dieulafoi)②,他没拒绝我,但有人让我去找马丁③,马丁又让我去找一个女人(折腾了很久,于是我很**火大**)(我在厨房里打电话,那里的人给我东西吃——我拒绝了,只想赶快解决这个问题)。

---

① "反应"的法语原文为"réaction";"心理宣泄"的法语原文为"abréaction"。——译者注

② 身份不明。

③ 雅克·马丁(Jacques Martin),1941年进入高师,阿尔都塞的朋友,1963年8月自杀身亡。《保卫马克思》就是献给他的。——译者注

我也不知道自己成功了没有,登上了屋顶,人流如潮,实验还在进行,那些花、叶子……实验假设被证明了……

这时有人告诉我,**所有人都反对我**,**所有其他的导师都指责我**,说我在高师引起了混乱,要对此负责……

我的实验成功了,但所有人都成了我的敌人。

[手写在21厘米×13.5厘米的纸上，对折，红色圆珠笔。]

5月16—17日

——在一座（高耸入云的）小山的街道上，我被一个老女人**攻击**，她生了病，疯疯癫癫的……她打碎了一个小瓶子，然后把瓶子里的药水都倒在我身上，这药水是她刚从广场上的药剂师那里买来的——我的衣服都被毁了。但我知道她为什么这样做，她只是发病了，不该对此负责——然后我就去找药剂师，要他给我洗衣服，费用我出，但我不自己动手洗（医生要对刚才的事件负责，他们没能治好那个老女人）——然后梦到那个女人不停地发病，疯狂地攻击别的路人，引起了群众**恐慌**——然后一群人聚集起来：我尽了一切努力让这群人（大多是年轻人）冷静下来，我向他们解释：病情发作了……结果他们没有攻击发病的人。同时我又去找 X，她是一个我爱慕着的年轻女人（融合了 H 和弗兰卡？还有我**妹妹**？）梦的最后一段是我离开了这个女人和**另一个人**（我妹妹？）争吵的地方——但我并不担心，因为我看到**另一个人**承受着攻击，那个因为生病而**发疯的女人则安然无恙**——她的态度有病。

——梦的最后，这个主题与另一个主题融合了：就是要写一篇**拉丁主题**的作文，交给一名年轻的女教师（她与第一个主题的**另一个女人是同一个人**），主题一给下来我就开始入神地写作文了……我做出表态，**维护了这名女教师**——我们**明天**再收卷，然后我就担心自己有没有出大错，这时我又意识到了：卷子还没有交，我还可以**再读一遍**。

——同一个晚上＝之前＝梦到我收到了克莱尔的一封电报：像是最后通牒,我只有回复了她才能再见到她。然而我什么都没做,已经太迟了……最后我邀请她来我这里,但我家里已经有保罗和马尼(Many)①了：马尼批评了我,我就对她讲了很重的话,她这么批评我可把我惹火了!

吃饭的时候,我拿来了一两瓶我收藏的好酒:有人本该整理我的酒窖……但他没有整理我的酒窖,而是把它**卖了**！谁把它**卖了**？他凭什么卖？我很生气,我要为了正义而**攻击**……我把这件事告诉了我的邻居,他是一名小批发商,他承认就是他得到了我的酒：他会把酒还回来的,还要往几瓶酒里兑一点"日本"(Japon)[原文如此]……以改良酒的风味。真是一个热心肠的人,我们会成为朋友的。

---

① 保罗·德·戈德马尔的妻子。

〔手写在 21 厘米×27 厘米的纸的正反面上，对折，红色圆珠笔。〕

5月17—18日

〔做了一个特别复杂的梦，梦里我和一个办事比我利落的年轻女孩（女人）一起〕在国外……有人偷走了我的钱包、护照、签证……这事发生在德国，靠近基尔的地方，而我要返回法国：我去找车站站长，这件事可麻烦了，我知道，然而他们很快就给我发放了替补护照，甚至还给了我与丢失金额同等的钱……但是我注意到了这是一份"无副页"的护照，这让我丧失了许多权利（人们可以拒绝让我登上火车，等等）但我还是出发了，火车在高空中飞越城市，然后来到了奥格斯堡——在路上我听说我全家（一队人）都在隔壁包厢自杀了：他们从厕所往包厢里**放满了水**……我也遇到了同样的危险……但我才不会自杀呢……梦的最后我与 H 还有另一个女孩在一起——问题都被无声地解决了。

——在另一个梦里，我因为 H 的行为的后果而严厉地斥责她——不是因为她行为不端，而是因为她的行为引发的后果（比如扰乱了正常秩序）。

——战争——在第一个晚上，我们展现了英雄主义（登上了碉堡周围的岗哨）。

然后是早上……H 与另一个（奥地利）小队一起到来，我还没看见她，她就看见了我。我假装自己也看见了她……我们还算周到地接待了她(尽管她马上就**被看作女人**,还被取了个名字,名字的意思是"回去")——我把她带到了我的营地,跟我关系比较好的战友们有礼貌但很冷淡地接待了她:我去[无法识别的字]的国家**采购食物补给**(为了战争),我**买了最好的东西**,比如**无花果**、**希腊的葡萄酒**等等。

然后去买战争中会使用的容器(一个给 H,一个给我)……我给了她最好的那个。

[手写在21厘米×27厘米的纸上，对折，红色圆珠笔。]

5月24—25日

比利时？

餐厅——妓女……

——之后我们准备去吃点东西（老鸨说我们要付更多的钱……1 500法郎），我给了钱，然后我们坐上一列高速列车，去找东西吃。

我终于在下午五点的时候坐火车赶到了巴黎（有人在那里等我），有人给了我们一些东西吃。

——与一些阿尔及利亚人交谈，他们坚持说自己来自外省（来自阿尔及尔，来自瓦赫兰……）我说这都是些殖民者的用语，你们应该**反过来说你们来自任何地方**，就像任何一个人，和别人一样都是人，等等。

晚上——马赛

——停车在十字路口中央，向一辆汽车求助——他把我押进了他的车，他的车马力更强。我被带走了，我的车，还有H，或者若尔热特……在里面？——一伙强盗……我什么也做不了。

——最后一切都反转了：这帮人同意，一旦达成目的，就让我与他的妻子一起，开我自己的车回十字路口＝我成功地返回了。麻烦＝要为我的车做笔录？**不，什么都没发生**。然后我要**换**

（衣服？）。

——另一个梦：有人想强迫我们把**所有**装备都寄回去。

我和一个朋友一起抗议：**我要保留一些关键的东西**，一个防水的方形物，还有两三件衣服。我就这样把东西打包了，**他们能说些什么呢**？（他们要我们寄走所有东西，就好像我们应该把**所有东西**都寄走——就好像我们无权拥有任何东西。）

［手写在 21 厘米×27 厘米的纸上，分成两段，红圆珠笔。］

(5 月)27—28 日

——有人(不是我)找到一块野兽的头颅化石，眼睛很长，就像可以开火的大炮(或者带瞄准镜的步枪)。

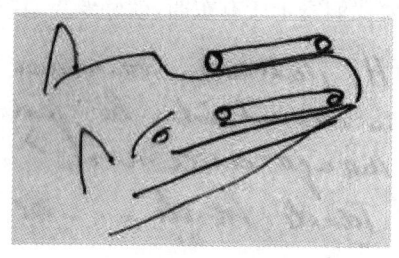

——丹吉尔(Tanger)——我们在南方/西班牙，要顺路去丹吉尔买些东西吗？是的，丹吉尔很近。我犹豫了：我一直都想买便宜的东西……找"便宜货"……但也需要海关允许通过(我很肯定)……需要一份签证：我没有上自己的车，而是上了一个美国年轻人的车(他是负责人)。签证的时候，出于非本意行为。签证的文件上还有一些钱，我本可以拿走，偷走——不是我的钱——但我没有拿——之后我又去找我的签证(票)，没找到。

——和 H 在一起，我在等妹妹，她早就该到了，可就是等不到她，我要带她和我们一起去吃东西。她还是不来，还是不来……出事故了？还是别的什么？最后她来了，我在楼梯下面找到了她！她差点被一辆出租车(在出租车里面？)强奸，还被洗衣机弄伤了手(那台机器就在那里)，要去缝合伤口……

[手写在21厘米×13.5厘米的纸上,红圆珠笔。]

(5月)29—30日

拉罗什

——在花园深处,和奶奶在一起,发生了严重事故:她没提醒我,就[用拉杆(辕木)]移动了一辆出了故障的推车,推车很重,而我也在修车——她差点伤到我,把我卡住——很生气。

——在拉罗什的家里,我接到了波尼(Boni)或者波里(Bori)的电话,他好像和我很熟:但我就是想不起来他是谁——他说知道我来了,朋友们都在等我呢,一些女孩,等等,就好像在责备我**迟到了**……父亲总是打断我,嘲笑我,不让我听电话,也不让我讲,等等。最后我大发雷霆,指责他的行为太过分了,就这样我**离开了**,穿上一件挡雨的雨衣,离开了家(非常沮丧):(我不完全确定自己是否应该**离开**)。

[手写在21厘米×13.5厘米的纸上，红色圆珠笔。]

5月30—31日

我开着父亲的车，带着家人去南方旅行。我本不会开这辆车，然而开起来也没什么问题，甚至可以说开得很舒服，开着车不一会儿就到了南方……我们来到一座城市，麻烦就开始了：堵车，封路，交警……突然我看见了凡·雷热摩特①，他正在跑步，我就对他打手势，还停下了车（邀请他与我们同行吗？）。一名交警对我做手势，告诉我这里不能停车，我就继续往前开，到了一个管道一样的地方，交警允许我在这里停车。VR（凡·罗热摩特）来了，我们聊天，他在这座城里做什么？他只是太无聊了。我敢——我不敢邀请他和我们一起，坐上汽车后座？已经坐满了。这时我重新发动汽车——父亲严厉地责备我磨损了汽车的脆弱的设备（因为我主动停车），让发动机的杠杆（一个零件）在刹车和加速之间来回跳动。

---

① 让-路易·凡·雷热摩特（Jean-Louis Van Regemorter），1947届高师文科学生，巴黎第四大学的俄罗斯文明课教授。

[手写在21厘米×13.5厘米的纸上，红色圆珠笔。]

6月1—2日

经过长途跋涉，我回到了父母家……古尔维奇①正在与他们交谈……他应该听说过我，我可以借着这个机会结识他。我去换衣服，脱掉因为工作（？）而染上痕迹的脏衣服，然后我发现母亲和妹妹**封锁**了谈话的地方（堆满了酒瓶碎片、垃圾等）我很生气，来回走着，但没法去见古尔维奇（我太累了）。

……我挑了一套**项链和手镯**——（项链，商品目录，就像**照片**，而且很色情）——做礼物……我把它们拿给父亲看……这就导致了这样的事：这些项链又回到了卖出它们的商人那里，和别的项链摆在一起……结果：我要去拿回它们，商人会同意吗？他会不会说**我已经拿走了**它们？他很实诚，接受了我告诉他的事。然后问题就是**找回**那些我买过的项链。我的口袋里有两张购物记录，但我不确定它们有没有记全：商人就根据这份记录给我补货……我觉得缺了什么……我去找剩下的……我穿过一家商店去找坠饰上的彩色珠宝，在那家商店里，人们正在给几乎裸体的小女孩和女人拍照，她们穿着透明的薄纱，能看见下体……我想那名珠宝商应该是知道这件事的：我可以向他要照片看。

---

① 乔治·古尔维奇（Georges Gurvitch，1894—1965），出生于俄国，法国当代社会学的建基人之一。

[手写在 21 厘米×27 厘米的纸张的正反面,对折,红色圆珠笔。]

6月2—3日

——和 H 在一起。

——在路上,路的左边有许多蘑菇,我要去看看有没有牛肝菌。

——山坡变成了一组陡峭的台阶,上面摆放着待售的艺术品。帮助 H **下去**——我自己也恐高:要从正面或者背面(像楼梯?)下去,害怕失去平衡。

——我和一群女人(家人?)在教堂,她们给我指定了一个座位:不,我不能接受有人给我指定座位,我就要坐到自己想坐的地方,哪怕会出丑坐到预留给神职人员的位置上……我去了那里,有艺术品展览,可以安静地**观看**,我打算从另一边拿走(偷走)它们。我就是这么做的。这算是同一种情况:我没有获得展出者的许可……我就机灵地对他说,你看东西都在这儿——然后一点一点地拿走它们。他好像很**认可**我的做法,尽管显然这不是他想要的……

有许多艺术品……我需要拎着剩下的去另一家商店——在商业街上:我找到了这家商店,橱窗里有两只篮子——它们属于售货员的奶奶,我可以(只花一点钱)买下它们送给 H 吗?

6月3—4日

——梦到和 H 开车游览意大利的田野和乡间:大部分宅子都

废弃了，配有老旧的蓄水池（空的），用来接水，因为没有水——（这也挺好，只是很少见）——每间宅子前面都有一块平台，道路就从这里穿过，路旁还有柏树以及其他的树。

在最后一间宅子前停留了很久：我们看见瞳孔黑而幽深的女人和兽（骡子），它们就像艺术品，像是被裱在框中的宗教画。

（在其他地方是见不着这种景象的）有一条小巷，在小巷里有一个地摊：我发现了一个黑色的、正在燃烧的咖啡壶，壶中间竖立着一条蓝色的鳋鱼。买下了它——不贵——但是 H 会喜欢吗？（荒唐的礼物）还有其他咖啡壶——还有同款式的茶壶，但几乎是全新的——**谈论它们**。

——在一间屋子里，我住在第一层，我发现一堆木板着火了……去灭火：没有足够的水，要找一个大水桶……这时候来了一群人（女人），她们准备搬进屋子（房子正门），却没注意到火还未完全熄灭。下面的房梁还在燃烧。灭火。

[手写在 13.5 厘米×21 厘米的纸上,蓝圆珠笔。]

6月7—8日

在一次夜间狂欢之后,我和吉耶米①一起出门,已经很晚了,我向他展示了我做的事(这完全是违法的):我在通往节庆地点的小型铁道上放置了一段铁轨——铁轨靠着墙摆放……真了不起——但这是违法的——一群小孩正在拆搬铁道的零件:至少要保护轨枕[或者像美卡诺(Meccano)——给小孩子玩的火车玩具——那样的铁道零件,可以一块一块地拼接起来],在那群小孩拿走之前就把它们捡起来。小孩们跳到铁道上,和我对峙,我不得不与他们争论……

---

① 路易·吉耶米(Louis Guillermit),研究康德的哲学专家,阿尔都塞的朋友。

[手写在 21 厘米×13 厘米的纸上，蓝圆珠笔。]

[6 月]13/14 日

——和保罗（德·戈德马尔）一起在一间商店里——找回我的袜子？

然后我们要穿过通道[无法识别的字]，岩石，巨浪。我手里拿着剑。保罗坚持不住了，他要**掉头**往**更高处**走，才能不被巨浪卷走。

——跳舞？行呀。我要去找妮科尔①（而不是 H）。

色情的舞蹈——旋转着。

---

① 妮科尔·阿尔方德里。见第 72 页脚注。

［用打字机写在21厘米×27厘米的纸上，对折。］

［6月］28日。拉罗什的花园深处。我和一个男人在一起：外公吗？要种一片扁豆菜坛：但有一部分扭成了一团（根须？），我要解开这一团，展平菜坛，为发芽争取空间，马上就要长出一片了。

［6月］29日。拉罗什的房子被母亲扩建了，有了更大的空间（我没想到能有这么大——要租出去？不，扩建的区域属于我们）。

［6月］30日。和H？一起乘火车，火车快要离站开走了：没时间去找还有空座的车厢了，抓紧时间登上了我们面前的那节车厢（我一个人上去的？她或者她们？登上了后面那节车厢？）没有座位了。

［7月］1日。一个特别长的梦。我和H从一间屋子出发（我们的屋子？我们住的屋子？），游玩整片地区：如果我们早点出手，这片地区本可以被我们买下来的……这里很适合盖房子，有小码头，有清澈的河水，有古迹，不，是一座房子还没有卖掉，但是太潮湿了，陷入水中太深了，然后我带着H（她有点跟不上我）继续探索这片异常美丽的地区，就好像是在探索圣特罗佩的半岛。有一个地方，我相信那里曾是养鲑鱼（鸟）的地方，我们让这个地方重新开张。再往前走一点，我进入了一个区域，这个区域部分被水覆盖了，但是趟过了水就是陆地，而附近就有一个村落。地上到处都是橙子和柚子，我捡了许多柚子，我们成了犯罪嫌疑人，被一个小孩

追捕……

……后来科尼奥①告诉我,我是这片地区的议员候选人……我有点吃惊,但没有太大兴趣,我的名字被写在了竞选海报上,随处可见,我还要去演讲……于是我开始清洗本地一位农民的洗手池(先从简单的做起);这个洗手池很难清洗,因为上面布满了黏糊糊的东西,像是胶水,非常难搞,但我分配了工作,规划了任务,还是一点一点地把它弄干净了(科尼奥也一起劳动着)。

[7月]2日(晚上见了拉康)

——在收音机旁,要唱一首我没听过的歌……还好有人在跟我一起唱,我可以随着他的调子……然后是休息时间,我扭转了局面,说出了真相:这是在逼一个人唱他没听过的歌。

——和两个人在一起,他们是地理部门或旅游局的公务员,我们开着车来到了一座上阿尔卑斯风格的村庄前,村庄上面是一处特别高的绝壁,只要登上了它就可以把风光尽收眼底……还有一间老式旅馆,应该便宜且舒适……好好享受假期?我们吃东西……

……(接着上一个梦?)我们在肉铺点餐,店家给我服务,但不给 H 服务,我介入了……

……(接着上一个梦)我点了一份食物打包带走,掏出一堆硬币付钱,但我不知道这些硬币要怎么用,也不知道它们的金额大

---

① 乔治·科尼奥(Georges Cogniot, 1901—1978),1921届高师学生,《思想》(*La Pensée*)的创始人,任莫里斯·多列(Maurice Thorez)的私人秘书至1964年。

小,最后收钱的人教我:是这么用的。我很生气:旅馆里的一个年轻女孩,把我的蛋糕上的葡萄全挑出来吃掉了,那可是我买的①。

[7月]4日城郊的圆形广场。怎么去马赛? 走路去:一些小孩友善地给我指路;但太远了。我回到了圆形广场,寻找可以通往马赛市中心的电车。除了6号电车外,大部分的电车都开往别处。上了电车。座位很少。而且我还要提着裤子,裤子总往下掉(这个动作很难,我要倚着电车里的矮树保持平衡)(电车上还有好多女人)。

——回到了里昂公园中学(和现实中的不太像),我发现学校很脏,越来越脏,越来越阴沉,教室、围墙、长椅还有其他地方都积满了灰。在校门口,拉克鲁瓦②的庆典:只有我高声地对他讲,**这是他的最后一课**。他快要退休了:他家里有一个房间堆满了帽子和盔甲,有一个大衣橱,需要门卡。

---

① 用红色圆珠笔手写添上:"[指责 St(斯泰弗南):他的举止,包括**实践**＝指责一个不称职的父亲——见保罗]"。

② 让·拉克鲁瓦(Jean Lacroix, 1900—1988),基督徒,里昂人,在里昂公园中学执教,曾是阿尔都塞的老师。他长期为《世界报》(*Le Monde*)写哲学专栏。在《哲学与政治》中有一封写给让·拉克鲁瓦的信。

〔用打字机写在13.5厘米×21厘米的纸上,抬头为高师/秘书处。〕

7月6日　周一　下午六点

我遇到了阿尔①,他做了一个报告,把我写过或说过的话都严厉批判了一遍。

这场报告:肉还有羊毛织物的碎片缝合在一起,叠放着。

他指出来,把它拆了。

——一场跑步比赛,要穿着滑雪服跑去凡尔赛……总之米蒙②出发了。我也要试试吗? 我从火车里出发,担心着自己没法坚持到终点,然后在穿过一片光秃秃的树林时,问题来了:到处是山谷,等等,我不知道路怎么走……

——和父亲在一起,开了一个美式派对庆祝生日……一个肥胖、诚挚的主席,放了一张唱片庆祝美国:他没有架子,讲了两三个好笑的俏皮话,很成功……然后放了一张唱片庆祝法国,看来是花了不少钱的,音乐更隆重,很有品味,等等……急着找厕所,我快步走下楼梯,冲向一排露天厕所……但都是小便池,只有一间厕所有一扇彩陶制的矮门。很狭窄。问题来了:把大衣挂在哪里? 好多

---

① 米歇尔·阿尔(Michel Haar),1958届高师文科学生,通过了哲学教师资格会考,大学教授。
② 阿兰·米蒙(Alain Mimoun),原籍为阿尔及利亚的马拉松运动员,1952年奥运会冠军。

人都遇到了和我一样的问题。我最终进了那间带门的厕所,我发现这间厕所虽然入口处有门遮挡,另一边却是空荡荡的……也就是说人们都能看到我……然后我发现,在美国营地里,有一些商人在卖甜点,种类很多,而且看上去很好吃,价格也不贵,但我记得很清楚我没买。

〔手写在17.5厘米×25.3厘米的纸上,黑圆珠笔。这些梦来自埃莱娜写给阿尔都塞的信。〕

7月26日 周日

——一个男人(穿着制服)来看我,在高师送了我一匹马(外公或是父亲的同事,认为我有权拥有这匹马——一张紫色的纸,好像是他公司的文件)。

——骄傲——被表扬了——自豪(进入了男人的世界……);优越感。

要喂马(肉铺买来的肉)。

(高师的人出钱)

高师有马鞍。

——这期间我前后做了两件事:

1) 我挖开——尤其是(我是唯一一个这么做的人,丈量树干寻找进入地下的入口)挖开了一个树干,它倒在地上,形成一个庞大的拱形,从而发现了高师的古物。

——找到了许多形状不一的、长长的东西,不知道有什么用途:像是步枪或机枪的框架。

——所有这些东西(包括一个已经死去的毕业生,穿着制服,西装里面有许多羽毛)成了其他学生组织的一场大型游戏的对象——我在他们边上，试着讲俏皮话，不停地提醒他们这些东西都是我发现的……（他们却好像认为这些东西一文不值。）

2) 埃莱娜在用打字机誊录一篇文章——我想帮她——要知道**我有那匹马**……（然后我开始打字，从头开始誊录。）

我在高师的公寓也发生了变化（有一部分被其他教授使用了），重新拼装零件（在马后面？）。

7月27日　周一

做了好几段梦，其中有：（战争）。

我在穿衣服，并解释如何/为什么军装可以帮我们获胜（?）。

一队英国人：各自拿着行李，穿戴得很得体（但很旧），然而他们是去赴死——（我就在他们中间）（怎么说也尽力了）。

c. 预兆性的梦

[用打字机写在21厘米×27厘米的橙色的纸上。粗体字①是阿尔都塞在1984年用蓝色水笔标出的段落。1964年8月10日、11日和12日的梦被装订在了一起。]

1964年8月10日

两个梦:间隔两日

1) 我该杀了我的妹妹,或者说,她该死,这是我不可回避的义务、我的任务,几乎是出于良心去执行的任务,而且要在某一天或某一刻之前完成。她是同意我杀了她的:像是我们的悲哀在献祭中共融了(这让我想起一些事:不知是在什么地方,很远,带着悲哀的共融的滋味……)我想说几乎就好像是性爱后的温存,就好像要把母亲和妹妹的内脏暴露在外,还有她的脖子、她的咽喉,这都是为了她们好,这种感觉就好像我其实是在医治母亲,或者妹妹,或者外婆(一个明确的记忆:在拉罗什,在她发病之后),我是为了她们好才医治她们的,但在此之前,她们必须裸露身体,露出下体,露出胸脯,等等,感觉就像是在进行一场紧张的祭祀:我不再把性看作性,而是看作另一个生病的人——这就是我的牺牲,即不再把性看作性,而是看作献祭(为了执行救赎的任务,"我牺牲了"我的性、我的欲望等)(我移开视线)(我知道我在做一件好事,我知道我是在完成任务:不能去看)。进入到她们的深处,医治——拯救她们……这种感觉,近似于赠予妹妹死亡的悲哀:进入她的深处,踩

---

① 中文译本用楷体标注。——译者注

蹒她的身体、她的喉咙，赠予她死亡（遵循这个规则，就能拯救她），是为了医治——拯救她。

这是色情和性行为的替代品：爱与悲哀的馈赠有着同等的温度，在痉挛的那一刻，就好像在进行虔诚的性交。

我是带着激烈的情感和可怕的回忆去做这件事的，就好像我的第一次自慰，就好像我的第一次性交；就好像我要在射精中死去了，呼吸停止了，中断了，射精的体验就近似献祭：性爱，是为了……赠予精液（生命、呼吸、喘息）……就好像我在梦中赠予死亡。

我赠妹妹以死亡，这样我就能与她共融，我要杀了她，为了救赎她，所以我怀着最大的善意进入了她的喉咙（就像在医治病重的人）（我曾在被俘期间看护过这样一个可怜人，我就看着他这么死去）。

赠予死亡，就像送一个礼物，是在减轻他人的痛苦，而不追求自己的快乐或益处：杀死她，我就与她和解了……在情感上和解了，被宽恕了，被更好地接纳了，而她同意了，她说好，因为她也是这么希望的，她就向我索求，她知道必须让我来帮她……

也就是说：死亡，是馈赠，是献祭，是灼人的流溢，它也就与射精相似，在第一次的性爱中，精液流溢而出，这也是灼人的，也是献祭。在我与她之间：我们分享着死亡，分享着灾祸的景象，并在灼人的温度中共融。

我很清楚：这种作为献祭的流溢，将取消性爱的真实含义，并让后者升华。如果我与你有了性爱，那是一种牺牲，是一种馈赠，而不是出于自私……这里还是我倒空了自己的真正实体，并把它赠予你。

我用高尚的流溢的灼烧感取代了快感，也就把快感变成了礼物，变成了牺牲，把性爱变成了超拔的共融。这样看来：是我被牺牲了（被杀了），但我很高兴自己能变成献祭用的牺牲。

为什么在梦中被我杀死的，是我妹妹呢？无疑是因为，我惧怕用性爱杀死另一个人，我惧怕在性爱中堕入死亡的领域，被我的母亲、我的妹妹或是其他什么人困在死亡的领域。完成性爱，就是杀人（另一个人的形象，母亲的形象）。在流溢中，在灼人的温度中，我犯了罪。

只有一种走出困境的办法：得到她的许可，得到母亲的许可，她同意这场凶杀，她同意去死，她知道自己必须死去：死亡是不可避免的，是必然的……这样我就无罪了，死在我的手上，她是满意的，因为我是在帮助她，我送了她一件礼物。

一些有联系的事物：性行为＝母亲（或妹妹）的死亡，以及：我可以在与她的共融中犯下这桩凶杀，这是她许可了的，她的许可给了我一个不可推辞的义务，她对此是赞同的。

所以，我是在她的许可下杀死她的，而由于她许可了（我就尽力去做），我便是无辜的。

[用打字机写在21厘米×27厘米的橙色的纸上。]

1964 年 8 月 11 日

第二个梦。梦到一个男人——父亲杀死了他的妻子。这个男人是我的朋友(布尔迪厄①?),我们好几个人一起控诉他。最后他出庭了,他有许多的重要理由可以减轻罪责,我们对他的有罪预判是不成立的。让我回想起一次糟糕的记忆:也是急着给人定罪。

(8 月 10 日的梦)

8 月 11 日:我要去战俘营(这个主题反复出现),但我还没有整理好去战俘营的行李……我急忙去找(但时间过得飞快,其他人都已经出发了)用来装补给的包或篮子,尽管这里的食物都变质了。(和我在一起的人指给我看……谁?一个男人?保罗?)墙上挂着一整套属于消防员或者其他类似职业的装备。我可以拿走他们的裤子,往里面装东西?最后我找到了两只小口袋,还有一根棍子,并往里面装补给(虽然也找到了我的旧行李包,但它太破了,到处是洞,没法用了)。

(这个梦有意思的地方在于,我要找到合适的**容器**来装食物。我已经做过很多次出发去战俘营的梦了,但从没梦到过容器的主题,不过永远有一个内容:食物。这次我要找包,我找了很久就是

---

① 皮埃尔·布尔迪厄(Pierre Bourdieu, 1930—2002),法兰西公学院教授,社会学家。1951 年入学高师,成为阿尔都塞的学生。他在 1963—1964 年间与让-克劳德·帕斯隆(Jean-Claude Passeron)一起在高师开课。

找不到，时间飞逝，就要迟到了，因为没有包我就要两手空空地出发了。等到所有人都已经出发了，我才在最后关头找到了一个不是办法的办法：两个方形、扁平的帆布小口袋，大小约50厘米×50厘米，还有一根棍子。我急忙往里面乱塞东西，也不看食物还能不能吃。我是因为害怕来不及出发，才这么着急的……）

8月12日。梦到了马。我在乡下，在朋友们的家里。他们家里有一条给马用的跑道。梦里有一匹有着（女人的）名字的马……我很想骑上去，骑着她跑一圈……两个麻烦：获得马主人的许可（他们都不在，有一个人早该回来了，但他就是不回来……），还要能承受骑马带来的伤害。有人告诉我，这匹马可能会把我从前面甩下来……我相信自己能处理这种危险……尽管主人不在，我想着反正也没人知道，不如试试。我靠近马，扶住马鞍（马摆了一个方便我跨上去的姿势），我们就有了默契："她"同意了，并且很希望我能"骑"上去。我给她装了两个马鞍（其实还是一个马鞍，但有两个部分）。然后我跨了上去，她先是快步，然后跑步，我们配合得很好，我很惊讶地发现自己正在和她亲热（她的背上长出了生殖器，就在腰的位置，我正准备进入）。

在这个梦里，我没有得到许可，但却拥有了偷偷摸摸的自由，并且我很自信，敢想敢做。我有信心自己不会落马，更明显的是：那头兽也同意了，成了我的共谋，它打一开始就有一个女性的名字（我忘了是什么），并且像女人一样诱惑着我。

十二
1967 年
一个关键的梦

［节选自一封用打字机写给弗兰卡的信，日期为1967年5月1日，出版于《致弗兰卡》，出版信息如前，第743—744页。］

［……］十五天前，我做了一个可以用来分析自己的梦，一个关键的梦，一个关于"原初场景"的梦（一头狮子，胸口是一个巨洞，正在从头开始吞食一只比它大十倍的蜥蜴）（在一个长满了温暖的青草的山顶上）。D（迪亚特金）显然很感兴趣……（两年前，就在我努力地"给他讲了好多梦"的时候，他却对我说："用不着讲这么多，我们只要专心地分析两三个梦，就完全足够了！"我们当时发现，大部分我给他讲过的梦，只不过是被编码了的**答案**，用于回应他在前一期或是前几期中讲过的问题。）

［……］

十三

无日期

梦到了激烈的性爱

十三 无日期 梦到了激烈的性爱

[用打字机写在 13.5 厘米×21 厘米的纸上,抬头为高师/秘书处。]

梦到了激烈的性爱,从头到尾都在做。我在乡下,在一间屋子外面,之后我会回到屋里去的。我站着和赤裸的母亲亲热,做了好久。她的乳房有点下垂了,身材纤细,皮肤暗沉。不停地亲热,然后跑步。在屋子里,在房间里,我追逐一个女孩,在她的房间里和她亲热。在这段时间(准备会考的时间——又变成了我之前那几个梦的主题,我换了科目,要准备另一场会考):但我知道,这次艾蒂安①或马舍雷②会做完后把卷子给我抄的。所以我很放心地投入了性爱中。我的生殖器很大;进入困难,因为那个女孩的生殖器长得像男人的一样,我要把自己的生殖器插到那里面去。那个女孩跑来跑去,但我总能捉到她,和她亲热。这有点危险,因为到处都是人。但我躲过了他们。我又到了田野里,爬到高处去找屋子,尽管是沼泽地,我还是找到了一条可以下去的路。女孩很娇弱,病恹恹的,总是躺着,但我还是追着她,冒着被人看到的危险和她亲热。然后我发现,在屋子旁边有另一间屋子,我可以在那里明目张胆地亲热,尽管还是有被看到的危险,因为那个屋子其实是某种门房,随时都可能有人进来看见我们。我进了屋子,寻找其他的性伙

---

① 艾蒂安·巴利巴尔(Etienne Balibar),1960 年入学高师,1968 年至 1979 年间与阿尔都塞密切合作,是阿尔都塞最忠实的朋友之一。他也是《阅读〈资本论〉》的作者之一。他出版了一部《保卫阿尔都塞文集》(*Ecrits pour Althusser*, 1991)。

② 皮埃尔·马舍雷(Pierre Macherey),1958 届高师学生,《阅读〈资本论〉》的作者之一。他在阿尔都塞主编的"理论"丛书中出版了一部《文学生产理论初探》(*Pour une théorie de la production littéraire*)。

伴。过了一会儿,我看到布洛克[①]低着头进来了:我看见了他,他看见我了吗?他应该也看见我了吧?

---

① 奥利维耶·布洛克(Olivier Bloch),哲学家,1949届高师学生,索邦大学教授,曾长期担任思想体系史研究中心的主任。

收　场

一桩两人共谋的凶杀案
阿尔都塞假托主治医生之名写下的笔记(1985)

[用打字机写在11页21厘米×27厘米的纸上。]

太久了,太久了,看不到尽头。病得太厉害了。我很少见到像你这样焦虑繁重的人,每天你都长久地陷在焦虑中。

这种焦虑的表现方式很多……自打你陷入了几乎是持久的错乱现象以来,我你经历许多无论是对你,还是对你身边的人都很可怕的事情。而在这种**错乱**中,最快也最常出现的现象就是幻梦症——栩栩如生的梦,虽然是幻梦的产物,但你即便在清醒的时候也会出现梦中的幻觉,这改变了你的感知能力(让你产生了错误的知觉)。等你走出幻梦的恐怖时,早晨已经过去了,这时你已精疲力竭,还要用一天中剩下的时间来准备迎接新的一夜的冲击。

这种错乱和幻梦伴随着许多严重的恐惧症:

1) 恐惧被抛弃(别人离开我你的时候,拜访结束会对你造成严重的心理创伤,分离的恐怖会把你抛向独自的焦虑。你需要别人的亲身陪伴才能与这种恐怖搏斗,哪怕不说话也好。

2) 与身体疾病有关的恐惧症(反胃,营养不均衡,等等)让你十分焦虑,感到害怕:你担心会恶化。

在整个这段时期,你病得很重,被很多种症状折磨,你还是不停地谈论埃莱娜。你有时会陷入失去她的痛苦中,你不能接受她已经不在了,也无法想象没有她以后,你变成了孤零零的一个人。但只有意外几次,你会想起她是被杀害了。最痛苦的莫过于想起她已经死了:但你没有因为她的死亡原因而建立负罪感,除了偶尔一次几次,你试图回想起当时的情景,这让你既感到着迷又感到精疲力竭:你入神地在脑中重现当时的场景,也因此用尽了力气。

有一天你问 M 女士:"我还会发病吗?"(伤害女宾)。你的恐惧在无意识中传递到了护士身上,她们怕你,觉得与你独处很危险(在短期病房的时候)。当时 M 女士和于尔都在那里,M 女士的回答让于尔吃了一惊。我(于尔)想安慰你,也是凭着直觉对你说"不,我认为你不会复发了",因为当时是有不可思议的环境促因让你做出了那样的事。M 女士当着我的面说:"不,于尔,我们不能这样回答这个问题。"——所以还是有可能复发的。这种事谁都不能预料。你一直都很温柔,对待所有人都很周到,关心他人的感受,我们不觉得你有攻击性。这也是为什么那场悲剧彻底地震撼了迪亚特金,这种事对他来说是不可设想的。

你像这样的发病周期都很长,这是慢性病的特征。不断变换的痛苦的呈现形式之下,持久的是同一种痛苦的同一种表达,是随着时间流逝拥有了众多形象的同一种焦虑,这持续了好几个月。我们都觉得不会好起来了。我(于尔)唯一可做的事:坚持,面对疗法失败的试探也不放弃自身的投入。事实上,我们(于尔以及整支治疗团队)都始终全力以赴,就好像你刚被我们收治进来一样。在面对你时,我们机构的团队**一直处在危机中**,但我们没有抱怨,而是一直试图处理好这个危机。发现一个病人,这对于发现者来说永远是种危机:医生在病人面前自己陷入了危机。在长期的组织治疗中,我们一直处于危机状态。

在危机状态下,我(于尔)以及整支治疗团队,做出了类似于**援救落水者**的回应。你不停地以上千种方式说着:"我快淹死了。"——这时最自然的回应无疑是向你伸出援手。比如每天早上,我去你的房间看你,你就焦急地等待着,想快点把昨晚梦中的内容告诉我。噩梦让你疲倦,而无穷无尽的焦虑之梦更是让你精疲力竭。为了走出幻梦,你必须花很大的力气才能分辨,哪些是梦导致的幻觉,哪些是真实的世界。为此,你需要我的帮助:你带着焦虑对我讲述你在焦虑中做的梦,而在讲述的时候,你就与你的梦拉开了距离。把你从水里救上来,就意味着:不仅要鼓励,还要帮助你区分现实与幻觉,如果你不去区分现实与幻觉,你就会被困在幻梦的焦虑之中。同时,慢性病也是令人担忧的:你的体力和精神越来越虚弱,你起床的次数越来越少,而即便起了床,你所做的也只是在医院里走几步而已。所有这些状况只能指向一个艰难的事实:你只能过有护工陪伴的医院生活。这让治疗团队失望:你每天都精疲力竭,这样的状态似乎看不到尽头,这让你一下子就衰老了好多,你无法重启内心的防御机制了。

医院就这样成了**你的世界**,把其他的一切隔绝起来,这对我来说是个巨大的难题:严格来说,你是对的,你失去了一切,只能与世隔绝地生活在医院里了。医院对你来说就成了这样一个地方,以至于我们想:永远也没有办法让他出院了,这实在太难了,因为你已经失去了一切,为了出院你必须重建一切,而你都这么老了。

对你来说,外部世界显然已经成了一堵不可逾越的壁垒和高墙,我们就开始尝试一些疯狂的计划。你记得你的公寓里堆满了书箱,你说你的公寓已经没法住人了,进都进不去,你是这么说的,你说只要满地书箱的问题不解决,你甚至都不想走进那间公寓:因为你实际上没有家。我们就有了一个荒诞的想法:用医院的小货车去把你的书箱全部带回医院,让你分类整理,然后再把它们放回你家的书架上。我们在想,如果外部世界对你来说是一堵不可逾越的高墙,那我们就试图翻越它,就从医院里翻过去。我们试图解决这个关于外部世界的麻烦问题。哪怕你在医院里一天天地好起来,那也是不够的,因为你还在被这个不能住人的公寓困扰着,而且你说,你永远也没办法一个人居住。我们因此要解决这个不可翻越的难题。

米歇尔·鲁瓦①(你的所有朋友都认为她错了)就在我们的计划中占了很重要的位置,因为她把外部世界的实践想象带进了病房,即试图认真思考**以后**的问题。医院计划让你出院,也就是说要计划**以后**,就是她给这种想法带来了现实性。

你把全部的悲痛的重量都投射到了外部世界,你极度害怕它;你再也不能回到外部世界中去了。你在医院里面建立了一座**堡垒**,保护你不被外部世界伤害。比如说,离开圣安娜医院就曾让你很不安。你当时在圣安娜医院建立了同样一座堡垒,这让你的生活取得了某种平衡,因为所有的难题都被发配到外面去了。当你离开这座最初的堡垒时,你的生活全被打乱了(圣安娜曾是你的防御机制,它是有效的)。

在我眼里,你是这样的形象:你是一个被困住的人,但你是在城墙内部被围困的,是你自己在忍受着这种无休无止的围城。你有一切可以忍受围城的资源,甚至别人也可以助你一臂之力,只要他们愿意!

---

① 米歇尔·鲁瓦(Michelle Loi,1926—2002),塞夫勒女子高等师范学校1947届学生,巴黎第八大学中文教授,1969年与阿尔都塞相遇,并对后者产生了激情。她是鲁迅著作的译者,1974年还竭力筹划阿尔都塞到中国旅行。她是阿尔都塞最后十年里范围很小、忠诚可靠的朋友圈子的一员,无论环境如何,那个朋友圈子都一直照顾着他。

你的城墙越来越厚，你的焦虑也越来越严重。你接待的访客让你不得不去想外面，让你不得不去思考以后，所以每天，你的焦虑、你的病、你的恐惧症都会因此发作。然后外面又变得不可逾越了。一种循环。

在你第二次出院后，你先是躁狂症发作，然后又经历了急性精神错乱，我（于尔）就确立了一个医疗构想：不能让你在出院后，重新在你自己家里构建起医院型的堡垒。我的基本想法就是：这次如果他再回到医院，不能让他觉得自己永远无法出院。这就是为什么，这几周的疗程里，我们尽一切可能帮助你待在自己的公寓里，让你在家里坚持住，尽管按理说，你的临床状态已经要求你住院了。我冒了很大的风险。你给我打电话，告诉我：我家在七楼①，有个阳台，我怕自己跳下去。我每周都去看你两至三次。一天晚上，我发现你状态不好，就把你带到我家，和我以及我的妻子、孩子们一起吃饭，你一直处在极端的焦虑中，我最后把你送回了家，你最终在家里睡下了。每次都这样把你推到极限。我的策略就是：不要图省事把你送进医院保护起来，否则情况只会越来越糟！

还要考虑到，医疗团队的部分成员对此持反对态度。有些医护者的关系跟我比较好，他们同意按我说的做，投入荒诞的情境中。但也有一些人反对（很多人），他们认为不该对你特殊优待，这样下去没完了，应该以更严厉、更坚定的态度对待你。他们认为你的访客都像有特权似的涌来医院，有时候整天都不停地有人来拜

---

① 原文为"六楼"，按中国的算法，实际上是七楼。——译者注

访你，他们就责问我："你在搞什么！情况越来越糟，我反对你做的这些事，太出格了。"比如米歇尔·鲁瓦和乔万娜①曾激烈地对抗安保人员。要在团队给我的压力以及你的朋友们给我的压力中寻找一个平衡点，真是太难了。你呢，你也有份，你唤醒了你的朋友们的焦虑，他们就转而对我施压。

在你第一次和第二次出院以前，都有过一段滑稽的时期。大家都认为你恢复得很好，你就投身于各种诉求之中，你列了一张清单，上面有你住院期间丢失的物品，有毛衣、衬衫、裤子、一台昂贵的弄坏了的台灯，还有它们的价格，你都用打字机打了出来，张贴到住院区的墙上，让所有人都能看见，你还向 M 女士寄去了一份清单的副本，这让她笑了好久。你发起了一场运动，要把这些可怖且无以名状的损失夺回来：过去发生的事，让我失去了太多。你通过计算损失来重夺控制权。虽然你没能坚持下去，但这场运动依然重要。你不疯了，多少恢复了状态，你心中有好多想法，有好多事想做，虽然焦虑还在，但已经弱化了。在这段时期，你还试图解决其他人的难题。比如 A。你对我说，A 是被人构陷才被关进精神病院的，你让自己成了 A 的发言人，指控我们错误地把 A 关了进来，并且怀疑背后有法国共产党捣鬼。我坚决地让你"别管这件事了"，你相信了我，不再管这件事。这段时期，你热烈地行动起来，在各方面都发起了诉求。那段时间，住院部都在哀悼。你对我提了许多关于其他患者的问题（娜迪亚、达利亚）。"她是精神分裂症患者吗？"你开始观察身边的人和事，然后问我：医院是什么？你

---

① 乔万娜·马多尼亚（Giovanna Madonia）。见第 79 页脚注。

把自己看作住院者的一员。你开始关心我在外面的活动，比如我在萨尔佩特里耶医院上的课，你甚至还想成为我的助教，和我一起讲一堂关于歇斯底里的课。这让我太高兴了，通过医院里的人和事，你开始对外面的某些东西产生兴趣，并且你还在你的运动中思考：那么和我一起在这里的人都是谁呢？

在第一个阶段中，你总是在交谈中附和我的话，但你后来去找护士的时候却反说："你们确定于尔医生知道自己在讲什么吗？"你不在交谈中否定我的话，而要等到交谈结束，等到我们不在一起的时候。

你入院的第一年，我们被暴露在了满城风雨中，疲于招架舆论和记者，我们生存在持久的危险中，就像你一样，这么多的谣言和非议也会被人传到我们耳中，这让我们如临大敌。要抵御邪恶的外部世界，要抵御外部世界送来的坏消息，我们也因此形成了与你一样的观念：医院是一座保护你的堡垒，你不能出院。

我记得很清楚，奥利耶（Ollier）[①]医生曾对我讲，刚开始的时候他替你收了一沓又一沓的信，都是寄给你的。这些信来自四面八方，来自各种各样多少不怀好意的人，他们在信里骂你，侮辱你的政治倾向或是其他东西。我当时很震惊，满脑子都是这些信：外部世界是邪恶的，它只会往伤口上撒盐，我们要抵御它。这也是为什么医生们（无论是在圣安娜还是在这里）都会与你一同建筑起一个你再也走不出去的堡垒。

---

① 圣安娜医院的精神病医师。

昂热勒格（Engelergues）①以及一些十三区的人会来看你，你没有家人，但还是有两种人像家人一样在身边：你的朋友以及十三区的人。比如玛契奥琪②就来过医院，这让我们所有人都很担心，我们害怕她逼着你谈话，给自己的书提供材料。所有人都在担心（住院区本来是对外关闭的），包括德里达还有其他一些人，我们都对此抱有异议。一个好例子，能看出你的堡垒是怎么保护我、让我与外界隔离的。玛丽亚-安东尼塔是在某个周日来的，我当时很担心，但你跟我说她很体贴。还有那个格林③，没跟我打个招呼就来找你，你复述了他给你讲的一个理论，说你其实想杀的是你的精神分析师，你是在杀死 H 的过程中杀死了你的精神分析师。那天早上我对他来找你谈话这件事非常生气，他来之前没给我打过招呼，之后也没有给我打电话解释一下，还强塞给你一个残忍的理论，我们当时觉得，你是属于我们的，我们要把你保护起来，不让其他人伤害你，我们也就和你一起躲在了堡垒里面，经历着同样的苦难，为你站岗，不让任何可能对你造成心理创伤或者让你陷入忧郁的非议和访客进入这个堡垒。

我对你的失眠症感到十分焦虑：如何解决这个问题？要给你开什么药？我们给你开了一个反常的处方：鸦片酊和氯醛。当你失眠的时候（你有时会失眠很长一段时期），我自己也焦虑得完全

---

① 圣安娜医院的精神病医师。
② 玛丽亚-安东尼塔·玛契奥琪（Maria-Antonietta Macciochi, 1922—2007），意大利知识分子，意共活动家，巴黎《联合报》的记者，1966 年起成为阿尔都塞的朋友。
③ 安德烈·格林（André Green, 1927—2012），精神分析师，曾多次与阿尔都塞会面，并且在 1980 年以后表示希望再见到他。

睡不着觉,我太累了,结果反而睡不着了。我记得我曾经去南部度了八天的疗养假,但即便在那里,我也睡不着,我想和你一起,保护你不被邪恶的外部世界侵犯:外面到处都是幸灾乐祸的人,他们乐于看到偶像的坍塌,还要踩上一脚……面对这样的情况,只有两种态度可以选择:(1) 要么保持中立,对你的妄想、他们的妄想以及他们的侵犯不做干涉;(2) 要么,一点一点地建立起一个能保护你的区域,让麻烦不落到**你**头上,而是落到**我们**头上。就这样过了很长时间,超过一年半。在这段时期,迪亚特金的帮助对我来说至关重要。如果没有迪亚特金的支持,如果我和他没有进行过深刻的交流,我是很难担负起这个局面的,因为我感到孤单,非常孤单——尽管有那么多人站在我们这边……之后 M 女士还请了病假。当她回来工作时,她想重新开始对你的治疗,我们都觉得她很难做得比迪亚特金更好了,毕竟后者从未失败过。M 女士努力地用自己的方式抵御着她的焦虑。然后她想给你做一次脑部扫描,想看看你有没有脑损伤,但你的临床状态说明了这是不可能的。怎么办呢?她的这个举动、这个主意,打击了我们的积极性——我们的想法是坚持,做脑部扫描的想法则是这个想法的反面,因为如果你有不可恢复的脑损伤,那么坚持还有什么意义呢?给你做脑部扫描(扫描的结果是正常的),其实就是在以这种方式试图放弃你,因为一旦得到诊断报告,那么一切都结束了!

医治你的人有一个重要的特点:他们想**讨好你**。这就导致医生都各执己见,想给你一个不同寻常的答案。但在团队里也有一些人想抛弃你,有些同事甚至对我说:其实你并不会把给他的待遇提供给其他病人吧?我回答说:的确不会,因为是他,我才做了这些事（但我也可以对所有病人这么讲：每个病人都应该得到他所需要得到的医治）。你是一个名人，一个跌倒的偶像，每天都能收到侮辱信，每天都有人在冷嘲热讽，我在施治的时候怎么能不考虑这些呢？在我看来，忽视你的身份和处境才是不切实际的。

当你到达圣安娜医院时，你的状态不错，从精神病学的角度看，你没有生病。你经受了心理打击，但是已经自我纠正过来了。随后没有任何理由地，你就又跌进了焦虑的抑郁症中。你曾在心理紊乱的状态中，但这只是残余性的，而且已经纠正好了，然后所有人都没料到，你突然又病了。这当然部分是因为休克疗法，但也要思考这些间断的缓和期。

他们在圣安娜对你进行了休克疗法，想让你错乱，让你不至于自杀：休克会引发可控的错乱症。你在圣安娜恢复得不错。你刚到苏瓦西的时候，心情很沉痛，但还不至于抑郁。要承认生理紊乱是经过一系列的发作才发展出来的。还要给这个理论加入另一个假设，总之这个问题有很多方面。在我看来，是因为精神创伤一阵一阵地发作，才有了这么频繁的心理错乱。在整整一年半的时间里，你都在发病，精神创伤一波又一波地袭来，在圣安娜的时候你被保护得很好，后来就没那么好了，创伤的发作既有内因（焦虑）也有外因（公寓和公寓里的书箱）。这些发病期引起的反应让你身心都崩溃了。药物不是无效，就是起了反效果；别忘了精神错乱也是一种防御机制。只有疯子才会不考虑生理紊乱的因素，但也不能用这个因素解释一切。

至于埃莱娜。我想，根据我在活水医院、在你发病时对你的精神病理观察，你在悲剧发生时应该有着同样的状态：幻梦症、错乱症、忧郁症以及激情的状态。是这所有的内部运动一起导致了你的行动,造成了严重后果的行动。但这里还有一个重要的问题,为什么 H 没有反抗? 我相信这是一桩两人共谋的凶杀案。只要当时她在你脸上打你一巴掌,就能打破你因幻梦而导致的错乱状态,无疑也会改变事情的后果。

在与其他人的关系中,你发现了一些你直接感知到的无花果(形象?)①:如果你和其他人发生关系(进入这个状态),你就会立即缠着他不放,好像没有距离。

我认为在凶杀案发生的那幕中,H 扮演了一个主动(尽管看上去她是被动的)且模棱两可的角色:就好像性诱惑的场景。在那一夜,或者更晚的时候,她应该是主动的,甚至是挑唆性的。这桩凶杀案是两个人一起犯下的:它由两人共同完成,就好像在性交中一样。这是两个人的疯狂。什么是疯狂? 疯狂=激情,强烈的激情。你眼中的现实不再是它本来的样子,而是一点一点地变成了你想看到的样子。疯狂是激情的爆发(我们的疯狂不是精神病,因为疯狂是被完全注入现实的强烈的激情,而精神病则彻底是现实之外的东西)。

举例:**恐惧症的疯狂**。一个女人看见墙上有只蜘蛛。如果她恐慌了,那就意味着她把自己的激情投射到了蜘蛛身上,扭曲了她对蜘蛛的感知。正好,神经官能症里就有疯狂。疯狂来自主体对妄想的失控(当然主体对此不自知),这样他就把蜘蛛看成或者说想象成了非常危险的东西,因此他害怕、惊恐。最早的关于疯狂的

---

① "figues"(无花果)与"figures"(形象)在法语中拼写相近。——译者注

概念混淆了痴呆和疯狂。疯狂最初的定义即一个人失去了对自己言行的控制能力。今天我们认为疯狂对于人类的存在是必不可少的,否则一切都不会是现在的模样,世界将再也没有颜色和味道,因为那些都是我们投射在外物上的,成了外物的一部分。疯狂是正常的机制的爆发。迪亚特金说人如果**不能拥有**(日常的和正常的)**疯狂**,他就会陷入抑郁。如果我不能通过将自己的疯狂(激情)投射到我的妻子(一个普通女人)身上,把她变成一个美丽的、理想的、诱人的女王,那么我的婚姻生活就会一团糟。但如果激情突破了限度,那就是另一回事了,这时身体的感知能力将会突然被剧烈地影响。正常的状态是我没有投射就没有感知,也就是说,某种程度上我只能感知到我愿意去接纳的东西。如果我的感知机制被严重地扰乱了,我就会给我的感知对象投射一些全新的属性,而这将严重地扭曲我对外部现实的认知。

举例,我一个人在一间与世隔绝的屋子里睡觉,晚上我听到了木制楼梯的爆裂声。十个人里有九个人会把自己的妄想投射到对木头爆裂声的感知中去,觉得有个人正在走上楼梯。感知就这样被投射到外物上的焦虑的情感渗透了。在正常的状态下,这种投射将会使我们的感知更丰富、更有意思。至于疯狂和精神病,格林说疯狂是爱神,精神病是死神。

还有别的一些重要的东西加入了投射中:人的反应,或者说在场的人的反应。在场者的反应也根据主体对其的投射而做出。在场者的反应就有了特别的意义和作用,因为这个人被突出了。

妄想和侵犯性的要素:所有人都有这两件东西。在两个人中间永远存在着权力的斗争。

是的，H 就感觉自己的一部分被剥夺了（你太有名了，当你生病的时候，所有人都去找她询问你的消息，而不是她自己的消息，但你的病况早就完全地压在了她的身上，因为她就在你身边）。你想不惜一切代价地"拯救"H，然而你越来越有名，并且你又是那么的温柔、可爱，她也就越来越难以适应在"伟人"身边的生活，你们的情况越来越糟糕。她产生了严重的焦虑，成了一名"可怕的女人"，一名"泼妇"，但在悲剧发生的时候，却是你（代替了她）成了一个可怕的人，杀死了她，把她变成了可怜的受害者。她是受害者，死亡修复了她的人生。她的死亡让你们之间的角色调换了。

可以说，你们两人都在无意识地期望发生这种角色调换，但角色的调换是在**事后**产生的，因为那时事件已经发生了。你在无意识中希望她死去，这等于是在说你早就（在无意识中）预谋杀害她，这赋予了无意识的妄想一个不属于它们的角色。**事后**的重要性（调换角色）只能在事件发生以后谈论。第二阶段（事件）是至关重要的，只有那时调换角色的想象才成为现实，拥有了自己的形式。这是最终极的拯救，她再不必永远地做坏人了，这种做法是无私的，就让我来担负所有的骂名（比如报纸），就让她来成为那个可怜的受害者。所有的妄想都在无意识中肆虐着。我们可以凭着此种机制做一个合理的推断：当时是妄想决定了你的行为。而事件和人的行为本不该由妄想来决定。

所有的分析家（报道这件事的记者，还有你身边的人，包括那些沉默的人）都得出了他们自己的事后结论。我希望以后你能讲出属于你自己的**事后结论**，让你自己来解释自己做的事。你的故事不应该以极度消极和暧昧的沉默告终，因为沉默不是终点。你需要以你自己的节奏讲述，让你的故事重新具备时间性。所有人都搞错了。你要让他们明白这件事只是你人生中的一个阶段，你要通过干预来让故事重启：节奏会让故事重新具备时间性。

对于大多数人而言，你没有死，但你的确失踪了。"他失踪了。"我们还不能哀悼他，因为他只是失踪了，他还可能再出现。消失是一种不可能的死亡，一种不稳定的情况。一个人消失了，但他没死。消失让人不安，让人胡思乱想，让以前的故事成为一宗悬案。

你曾有过一段极度兴奋的时期，当时你在一篇文章里第一次做出了这种尝试。你向我展示了这篇文章，这是一篇导言，是你自己的故事的序文，这说明你已经意识到，只有把握了节奏，你才能重启这个故事。即便身处病院，你也知道这篇文章是一种进步，把你的朋友都甩在了身后，必须如此，因为只有你才有能力以你的名义讲述这个故事。

我想，你提出这个计划，可能意味着我对你的分析要结束了。因为现在你已经不再像以前一样否认和回避这一篮子事情。为什么对你而言现在更容易了呢？哀悼已经结束，与对某人的记忆和解是比与一个活人和解更容易的。

你自问，当时 H 和你是不是早就走上了一条死路。但死路的判断（就和所有对形势作用的判断一样）只能来自事后的反思。所有事后认为是不可能或者不可能避免的事，在 H 还活着、事件还没发生的时候，都没有逻辑意义上或机械意义上的必然性。我们看到骇人听闻的事情发生在了最坏的"死路"上。但当 H 还活着的时候，我认为，无论是以逻辑来说，还是以命运来说，这条死路并不存在。

致　谢

特别感谢路易·阿尔都塞的侄子以及全部遗产的继承人弗朗索瓦·鲍达埃尔(François Boddaert)。感谢他对我一直以来的信任。

感谢扬·穆利耶-布唐和弗朗索瓦·马特龙(François Matheron)。他们一直以友善且慷慨的心帮助我整理了这些文本和笔记。感谢 G. 米夏埃尔·戈什加林(G. Michaël Ghosgarian)。

同样要感谢格拉塞出版社的奥利维耶·诺拉(Oliver Nora)和贝尔纳-亨利·列维(Bernard-Henri Lévy),他们负责了本书的出版工作,感谢他们的耐心。

还要感谢斯多克出版社,他们大度地允许本书摘录由他们出版的路易·阿尔都塞的文本,如《战俘日记》《来日方长》和《致弗兰卡》。

最后,尤其感谢洛拉·帕平(Laure Papin),她转录了所有梦的手稿;感谢当代出版纪念研究所的团队成员,他们解答了我提出的许多关于路易·阿尔都塞文献的问题；还要特别感谢帕斯卡尔·比泰尔（Pascale Butel）、桑德琳·桑松（Sandrine Samson）以及安娜贝勒·韦伯（Annabelle Weber），他们完成了本书出版的最后工作。

路易·阿尔都塞著作表(部分)

《论哲学,与费尔南达·纳瓦罗的谈话和通信,附〈哲学的改造〉》,"无限"丛书,巴黎:伽利玛出版社,1994年

《哲学与政治文集》,第二卷,弗朗索瓦·马特龙整理,巴黎:斯多克出版社/当代出版纪念研究所,1995年

《论再生产》,雅克·比岱整理,"今日马克思:交锋"丛书,巴黎:法国大学出版社,1995年

《保卫马克思》,再版于"发现出版社/袖珍书出版社"丛书,附有艾蒂安·巴利巴尔撰写的前言,巴黎:发现出版社,1996年

《精神分析与社会科学,两场讲座(1963—1964)》,奥利维耶·科尔佩与弗朗索瓦·马特龙整理,"随笔"丛书,巴黎:口袋书出版社,1996年

《致弗兰卡(1961—1973)》,弗朗索瓦·马特龙与扬·穆利耶·布唐整理,巴黎:斯多克出版社/当代出版纪念研究所,1998年

《马基雅维利的孤独及其他》,"今日马克思:交锋"丛书,伊夫·桑多默尔整理,巴黎:法国大学出版社,2003年

《孟德斯鸠:政治与历史》,再版,"战车"丛书,巴黎:法国大学出版社,2003年

《政治与历史:从马基雅维利到马克思(1955—1972年高等师范学校讲义)》,弗朗索瓦·马特龙整理,"书写的痕迹"文丛,巴黎:色伊出版社,2006年

《思考路易·阿尔都塞》,安托尼·卡萨诺瓦和伊夫·瓦尔加斯整理,"《思想》文库",巴黎:樱桃时光出版社,2006年

《阅读〈资本论〉》,"理论"丛书,马斯佩罗出版社,1965年(合著)。新版本,"战车"丛书,巴黎:法国大学出版社,2008年

《论社会契约》,帕特里克·欧沙尔整理,"无主之锤"丛书,乌耶:马努基乌斯出版社,2008年

《马基雅维利和我们》,弗朗索瓦·马特龙整理,艾蒂安·巴利巴尔作序,"文本"丛书,巴黎:塔兰蒂耶出版社,2009年

《致埃莱娜(1947—1980)》,奥利维耶·科尔佩整理,贝尔纳-亨利·列维作序,巴黎:格拉塞出版社/当代出版纪念研究所,2011年

《写给非哲学家的哲学入门》,G. M. 戈什加林整理,纪尧姆·希贝尔丹-布朗作序,"批判视角"丛书,巴黎:法国大学出版社,2014年

《在哲学中成为马克思主义者》,G. M. 戈什加林安整理并作导言,"批判视角"丛书,巴黎:法国大学出版社,2015年

译名对照表

人名:

Alain Mimoun	阿兰·米蒙
André Green	安德烈·格林
André-François Poncet	安德烈-弗朗索瓦·蓬塞
Annabelle Weber	安娜贝勒·韦伯
Bernard-Henri Lévy	贝尔纳-亨利·列维
Charles Baudoin	夏尔·博杜安
Claire	克莱尔
Claude Alphandéry	克劳德·阿尔方德里
Claudine Fitte	克洛迪娜·菲特
Cler	克列尔
Denise Berger	丹尼丝·贝尔热
Denise Plassard	丹尼丝·普拉萨尔
Dieulafoi	迪厄拉富瓦

Docteur Uhl	于尔医生
Etienne Balibar	艾蒂安·巴利巴尔
Etard	埃塔
Fernanda Navarro	费尔南达·纳瓦罗
Franca	弗兰卡
François Boddaert	弗朗索瓦·鲍达埃尔
François Matheron	弗朗索瓦·马特龙
Freud	弗洛伊德
G. Michaël Ghosgarian	G.米夏埃尔·戈什加林
Geroges Cogniot	乔治·科尼奥
Georges Gurvitch	乔治·古尔维奇
Guillaume Sibertin-Blanc	纪尧姆·希贝尔丹-布朗
Hanck	汉克
Hélène	埃莱娜
Hélène Ioannidi	埃莱娜·伊欧安尼迪
Jacques Bidet	雅克·比岱
Jacques Derrida	雅克·德里达
Jacques-Alain Miller	雅克-阿兰·米勒
Jacques Martin	雅克·马丁
Jean-Claude Passeron	让-克劳德·帕斯隆
Jean Prigent	让·普里让
Jean-Louis van Regemoter	让-路易·凡·雷热摩特
Jean-Pierre Serre	让-皮埃尔·塞尔
Jean-Pierre Vernant	让-皮埃尔·韦尔南

Jean-Toussaint Dessanti	让-图桑·德桑蒂
Jean Lacroix	让·拉克鲁瓦
Jean Paul	让·保罗
Jean Laugier	让·洛吉耶
Julie	朱莉
Kraverg	克拉维柯
Laura Papin	洛拉·帕平
Laurent Stévenin	洛朗·斯泰弗南
Louis Althusser	路易·阿尔都塞
Lucienne Althusser	吕西安娜·阿尔都塞
Many	马尼
Marcel Aymé	马塞尔·艾梅
Maria-Antonietta Macciochi	玛丽亚-安东尼塔·玛契奥琪
Maurice Thorez	莫里斯·多列
Michel Haar	米歇尔·阿尔
Michelle Loi	米歇尔·鲁瓦
Mino Hiram Madonia	米诺·希蓝·马多尼亚
Nicole	妮科尔
Nicole Alphandéry	妮科尔·阿尔方德里
Olivier Bloch	奥利维耶·布洛克
Olivier Corpet	奥利维耶·科尔佩
Olivier Nora	奥利维耶·诺拉
Pascal Butel	帕斯卡尔·比泰尔
Paul de Gaudemar	保罗·德·戈德马尔

Père Breton	勃勒东神父
Père Hours	乌尔老爹
Philippe Béchard	菲利普·贝沙尔
Pierre Berger	皮埃尔·贝尔热
Pierre Bourdieu	皮埃尔·布尔迪厄
Pierre Macheray	皮埃尔·马舍雷
René Diatkine	勒内·迪亚特金
Robert Daër	罗贝尔·达埃尔
Sacha Simon	萨沙·西蒙
Sandrine Samson	桑德琳·桑松
Solange Troisier	索朗热·特鲁瓦西耶
Valéry	瓦雷里
Walter Benjamin	瓦尔特·本雅明
Yann Moulier Boutang	扬·穆利耶·布唐

机构名：

Corti	柯尔提出版社
Gallimard	伽利玛出版社
Grasset	格拉塞出版社
IMEC	当代出版纪念研究所
Le Livre de Poche	袖珍书出版社
Le Promeneur	漫步者出版社
L'hôpital l'Eau Vive de Soisy	苏瓦西活水医院
Manucius	马努提乌斯出版社

Mont-Blanc	白山出版社
Presses universitaires de France, PUF	法国大学出版社
Seuil	色伊出版社
Stock	斯多克出版社
Tallandier	塔朗迪耶出版社

出版物名：

Ce qui ne peut plus durer dans le PCF	《不能在共产党内继续下去的事情》
Choix de Rêves	《梦的选择》
Ecrits Philosophiques et Politiques	《哲学与政治文集》
Ecrits pour Althusser	《保卫阿尔都塞文集》
Ecrits sur la Psychanalyse	《精神分析论集》
Être Marxiste en Philosophie	《在哲学中成为马克思主义者》
Initiation à la Philosophie pour les Non-philosophes	《写给非哲学家的哲学入门》
Introduction à l'Analyse des Rêves	《释梦导论》
Journal de Captivité	《战俘日记》
La Jornada Semanal	《每周旅程》
La Pensée	《思想》
La Technique Psychanalytique	《精神分析的技术》
L'Avenir dure Longtemps	《来日方长》
Lénine et la Philosophie	《列宁和哲学》

L'Est Républicain	《共和国东境》
Lettres à Franca	《致弗兰卡》
Lettres à Hélène	《致埃莱娜》
L'Interprétation des Rêves	《释梦》
Lire《le Capital》	《阅读〈资本论〉》
Louis Althusser, une Biographie	《阿尔都塞传》
Machiavel et Nous	《马基雅维利和我们》
Politique et histoire de Machiavel à Marx	《政治与历史：从马基雅维利到马克思》
Pour Marx	《保卫马克思》
Pour une Théorie de la Production littéraire	《文学生产理论初探》
Réponse à John Lewis	《答约翰·刘易斯》
Rêves	《梦》
Solitudes de Machiavel	《马基雅维利的孤独》
Sur la Philosophie	《论哲学》
Sur le Contrat Social	《论"社会契约"》
XXIIe Congrès	《二十二大》

译后记

这是一本不同寻常的书,它的作者没有将其整理出版的意图,它的读者也不在作者想象的视域内,而其中最关键的片段更是出于偶然才呈现在了这本书里,并决定了整部书中隐于暗流的叙事导向:1984年,就在阿尔都塞准备写作《来日方长》的时候,他的好友纳瓦罗带给他一篇在他废弃的公寓里找到的、早已被忘却的梦的记录。在那个二十年前的梦里,他试图扼死自己的母亲(或妹妹),就像他四年前在位于尤里姆街的寓所扼死了妻子埃莱娜一样。一样的场景,一样的手段,甚至,如果我们相信了阿尔都塞在《来日方长》以及本书中的自我分析——这两场凶杀(想象中的与现实中的)有着一样的意图和目的,连受害者也是相似的:拯救身边的受难者——用赐予死亡去治愈那个在他的生活中伤痕累累的女性形象。

梦与现实就以这样一种奇异、幽邃又显而易见的形式,在各自的文本记录中互相照应着,重合了。致死的巧合吗?本书中的巧合绝不止此一例，而重复出现的一般性则赋予了梦进入理论场域的可能性。本书的"开场"眷录了一封阿尔都塞于1958年2月22日写给克莱尔的信，其中他释读了情人讲述的梦，并提出了他最早的关于梦的理论：梦总是领先于生活的，它是后者的征兆。它不仅用无意识的语言揭露了做梦人还没有意识到的事实，也预示了其生活的走向。生活是小号的历史，也是无主体的进程，在做梦人还不自知的时候，其生活的结构已经发生了重组和中心的迁移，而做梦人所需要做的，只不过是在"事后"的意识中印证早已发生在潜意识中的生活事实而已。阿尔都塞以自信又决断的口吻说道："这是绝对的真理，就像二二得四一样确凿。"

这个理论带有明显的结构主义的印记，它的年代也处于所谓的"早期阿尔都塞"的阶段。值得注意的是，就在这封信发出去的一年之后，阿尔都塞的第一部书《孟德斯鸠：政治和历史》在法国大学出版社出版了。这无疑标志着巴利巴尔在《马基雅维利和我们》的再版序言中提到的那个"孟德斯鸠版的马克思"或"结构的阿尔都塞思想"的理论框架的正式成型。与之相对应的则是"马基雅维利版的马克思"或"形势的阿尔都塞思想"。前者强调社会关系对于历史进程的实效性，后者则聚焦于在具体的形势之中思考历史事件的偶然性。尽管根据巴利巴尔的观点，两种马克思是"存在于阿尔都塞思想中的持久的张力"。任何粗暴的阶段划分与割裂不仅违背文本——偶然相遇的唯物主义的诸概念在"早期阿尔都塞"的文本中就已经出现了——也将消解阿尔都塞思想的当代价值。但若阿尔都塞的思想在他去世三十多年后还有被研究的价值，不是因为他的思想给他的时代的难题提供某种完善的答案，而是因为他提出的问题也正是留待后人研究的疑难。而这个事关马克思主义前景的大难题就存在于作为倾向的结构与作为偶遇的事件的张力中。然而,在阿尔都塞的思想历程中,又确实存在着一个被宣称的"自我批判"——如果不足以被称作"断裂"的话——的时期。有一系列从1966年就开始酝酿的"自我批判文本"使划分"早期阿尔都塞"和"晚期阿尔都塞"的阅读方法成为可能。在阿尔都塞的思想中就存在一个历时性的"中心的迁移"或"宰制的迁移",同时被废弃和被改变的,还有一整套的哲学术语或转喻。如果说阿尔都塞自始至终都是一个反对黑格尔式目的论辩证法的唯物主义者,那么至少阿尔都塞式的唯物主义的画卷,从蛛网一般的拓扑结构,变成了一列既无起点也无终点的火车。

理论上的转变不可能不出现在阿尔都塞对自己人生的反思中。即便以一种相对隐蔽的方式,生活的教诲也绝不会在思想的拐点上缺席。本书以阿尔都塞在苏瓦西活水医院的主治医生于尔的笔记"收场"。根据法文版编者奥利维耶·科尔佩的推断,这篇笔记并不是医生本人的手笔,而是阿尔都塞假托其名写就的。为什么要"造假"呢?一个显而易见,或许过于显而易见的原因是:阿尔都塞试图为自己脱罪,或至少试图减轻自己在那场杀人案中的罪责。因为这篇笔记提出了一个"两人共谋"的理论猜想,这个猜想也成为《来日方长》的起点:阿尔都塞是在埃莱娜的"许可"甚至协作下杀死她的。这篇笔记的日期被明确标为1985年4月14日,此时距他发狂扼死埃莱娜已经过去了近五年。这五年间,他多次入院,也曾短暂出院。收治他的治疗团队尝试了各种办法,只为了缓解他那无休无止的重度焦虑症。白日的幻梦与夜晚的梦魇交织了他近乎全部的住院生活，让他筋疲力竭，而即便偶然地拥有了短暂的清醒时刻，他也不得不去面对过去既成与未来可能的现实笼罩在他的生活上的巨大阴影：埃莱娜死了，他只能伶仃一人苟活于世了。可怖的想象夺走了他生活中的"以后"，也把他困在了随之而来的一个更恐怖的疑问与焦虑之中：究竟为什么他会亲手杀死埃莱娜呢？这是在问：他与埃莱娜是不是早就走上了一条"死路"呢？

根据他在本书"开场"中提到的关于梦的理论，再联系他在1964年8月做的那三个"预兆性的梦"，其实在他扼死埃莱娜十多年前，他就已经和埃莱娜一起走上了一条"死路"。根据伊丽莎白·卢迪内斯库的说法：如果当初允许阿尔都塞出庭作证，他是会承担起全部的责任，自判有罪的。然而，就在凶杀案发生不到五年以后，他改变了态度。这并不意味着他不再愿意去直面那件不可挽回的事，相反，他一直以无罪宣判为憾：因为这剥夺了他出庭作证的机会，把他关进了精神病院，以无罪宣判的形式宣判了他的社会性死亡。他"失踪"了。在"失踪"的每一天里，他都在思考那场不可挽回的凶案，因为他知道，如果说凶杀中爆发出来的激情就是打开他人生叙事的秘门的钥匙，那么只要厘清了这一起事件中潜伏的脉络，就能给全部的对自己的精神分析画上句号。本书末尾收录的《笔记》就是这样一个句号，它是故事的"收场"，是阿尔都塞写给埃莱娜的悼文，也是写给自己的悼文。但是，被"收场"的故事本身并不是封闭的。阿尔都塞在《笔记》中写道："你自问，当时H和你是不是早就走上了一条死路。但死路的判断（就和所有对形势作用的判断一样）只能来自事后的反思……当H还活着的时候，我认为,无论是以逻辑来说,还是以命运来说,这条死路并不存在。"

"死路并不存在。"阿尔都塞就这样给"领先于生活的"梦的理论树立了一个马基雅维利式的反题:异位的仲裁者互相反对着也互相决定着,在拉扯中刻画出了生活的真实图景。而有能力打开这条死路的正是埃莱娜——阿尔都塞生活的异质者。那场杀人案中最大的悬疑就在于:为何埃莱娜没有反抗?只要一个耳光,埃莱娜就能把陷于幻梦的阿尔都塞打醒,避免被杀的结局。"两人共谋。"这是阿尔都塞在"事后"得出的结论。为了给自己辩解吗?这种可能性不该被轻易地排除。但更可能的是,阿尔都塞想要以此说明,在他病态地依恋着埃莱娜的同时,埃莱娜又是在何等程度上爱着他:"在凶杀案发生的那幕中,H扮演了一个主动(尽管看上去她是被动的)且模棱两可的角色:就好像性诱惑的场景。在那一夜,或者更晚的时候,她应该是主动的,甚至是挑唆性的……这是两个人的疯狂。"有太多的机会阻止悲剧的发生,但在那一夜,在最激烈的爱情中,他们一起走上了死路——埃莱娜以自己的死亡回应了阿尔都塞最终极的疯狂。

本书的法文版编者奥利维耶·科尔佩建议读者将这本书与布唐所著的《阿尔都塞传》对读,用阿尔都塞人生中的事件去补全书中被隐匿的背景。其实读者也可将本书与《来日方长》对读,因为本书既是《来日方长》的起点,也是后者所记述的内容的最纯粹的形式。"妄想也是事实",在这个意义上,梦比现实更真实、更直接、更能揭示作为激情的生活的疯狂本质。但也不应忘记:如果说"梦总是领先于生活的",那么生活也确实有着比梦更多的可能性。"死路并不存在。"

* * * * * * * * *

本书是译者在巴黎第八大学读研时译成的。如果译文中出现了错误或欠佳的译笔，欢迎读者指正（遵出版社要求，个别字眼采用了委婉的表达）。此外，译者必须感谢陈越教授的信任与委托。还要感谢纪尧姆·希贝尔丹-布朗教授以及马修·雷诺教授在这段时期的关照。最后，译者要特别感谢吴子枫教授对译文的审校，若不是他以无私的友谊对译者提供了宝贵的经验和建议，本书是绝不可能以现在这样较完善的形式出现在读者面前的。

曹天羽

《当代学术棱镜译丛》
已出书目

媒介文化系列

第二媒介时代 [美]马克·波斯特
电视与社会 [英]尼古拉斯·阿伯克龙比
思想无羁 [美]保罗·莱文森
媒介建构:流行文化中的大众媒介 [美]劳伦斯·格罗斯伯格 等
揣测与媒介:媒介现象学 [德]鲍里斯·格罗伊斯
媒介学宣言 [法]雷吉斯·德布雷
媒介研究批评术语集 [美]W. J. T. 米歇尔 马克·B. N. 汉森
解码广告:广告的意识形态与含义 [英]朱迪斯·威廉森

全球文化系列

认同的空间——全球媒介、电子世界景观与文化边界 [英]戴维·莫利
全球化的文化 [美]弗雷德里克·杰姆逊 三好将夫
全球化与文化 [英]约翰·汤姆林森
后现代转向 [美]斯蒂芬·贝斯特 道格拉斯·科尔纳
文化地理学 [英]迈克·克朗
文化的观念 [英]特瑞·伊格尔顿
主体的退隐 [德]彼得·毕尔格
反"日语论" [日]莲实重彦
酷的征服——商业文化、反主流文化与嬉皮消费主义的兴起 [美]托马斯·弗兰克
超越文化转向 [美]理查德·比尔纳其 等

全球现代性:全球资本主义时代的现代性　[美]阿里夫·德里克
文化政策　[澳]托比·米勒　[美]乔治·尤迪思

通俗文化系列

解读大众文化　[美]约翰·菲斯克
文化理论与通俗文化导论(第二版)　[英]约翰·斯道雷
通俗文化、媒介和日常生活中的叙事　[美]阿瑟·阿萨·伯格
文化民粹主义　[英]吉姆·麦克盖根
詹姆斯·邦德:时代精神的特工　[德]维尔纳·格雷夫

消费文化系列

消费社会　[法]让·鲍德里亚
消费文化——20世纪后期英国男性气质和社会空间　[英]弗兰克·莫特
消费文化　[英]西莉娅·卢瑞

大师精粹系列

麦克卢汉精粹　[加]埃里克·麦克卢汉　弗兰克·秦格龙
卡尔·曼海姆精粹　[德]卡尔·曼海姆
沃勒斯坦精粹　[美]伊曼纽尔·沃勒斯坦
哈贝马斯精粹　[德]尤尔根·哈贝马斯
赫斯精粹　[德]莫泽斯·赫斯
九鬼周造著作精粹　[日]九鬼周造

社会学系列

孤独的人群　[美]大卫·理斯曼
世界风险社会　[德]乌尔里希·贝克
权力精英　[美]查尔斯·赖特·米尔斯

科学的社会用途——写给科学场的临床社会学 [法]皮埃尔·布尔迪厄

文化社会学——浮现中的理论视野 [美]戴安娜·克兰

白领:美国的中产阶级 [美]C.莱特·米尔斯

论文明、权力与知识 [德]诺贝特·埃利亚斯

解析社会:分析社会学原理 [瑞典]彼得·赫斯特洛姆

局外人:越轨的社会学研究 [美]霍华德·S.贝克尔

社会的构建 [美]爱德华·希尔斯

新学科系列

后殖民理论——语境 实践 政治 [英]巴特·穆尔-吉尔伯特

趣味社会学 [芬]尤卡·格罗瑙

跨越边界——知识学科 学科互涉 [美]朱丽·汤普森·克莱恩

人文地理学导论:21世纪的议题 [英]彼得·丹尼尔斯 等

文化学研究导论:理论基础·方法思路·研究视角 [德]安斯加·纽宁 [德]维拉·纽宁主编

世纪学术论争系列

"索卡尔事件"与科学大战 [美]艾伦·索卡尔 [法]雅克·德里达 等

沙滩上的房子 [美]诺里塔·克瑞杰

被困的普罗米修斯 [美]诺曼·列维特

科学知识:一种社会学的分析 [英]巴里·巴恩斯 大卫·布鲁尔 约翰·亨利

实践的冲撞——时间、力量与科学 [美]安德鲁·皮克林

爱因斯坦、历史与其他激情——20世纪末对科学的反叛 [美]杰拉尔德·霍尔顿

真理的代价:金钱如何影响科学规范 [美]戴维·雷斯尼克

科学的转型:有关"跨时代断裂论题"的争论 [德]艾尔弗拉德·诺德曼 [荷]汉斯·拉德 [德]格雷戈·希尔曼

广松哲学系列

物象化论的构图 [日]广松涉
事的世界观的前哨 [日]广松涉
文献学语境中的《德意志意识形态》 [日]广松涉
存在与意义(第一卷) [日]广松涉
存在与意义(第二卷) [日]广松涉
唯物史观的原像 [日]广松涉
哲学家广松涉的自白式回忆录 [日]广松涉
资本论的哲学 [日]广松涉
马克思主义的哲学 [日]广松涉
世界交互主体的存在结构 [日]广松涉

国外马克思主义与后马克思思潮系列

图绘意识形态 [斯洛文尼亚]斯拉沃热·齐泽克 等
自然的理由——生态学马克思主义研究 [美]詹姆斯·奥康纳
希望的空间 [美]大卫·哈维
甜蜜的暴力——悲剧的观念 [英]特里·伊格尔顿
晚期马克思主义 [美]弗雷德里克·杰姆逊
符号政治经济学批判 [法]让·鲍德里亚
世纪 [法]阿兰·巴迪欧
列宁、黑格尔和西方马克思主义:一种批判性研究 [美]凯文·安德森
列宁主义 [英]尼尔·哈丁
福柯、马克思主义与历史:生产方式与信息方式 [美]马克·波斯特
战后法国的存在主义马克思主义:从萨特到阿尔都塞 [美]马克·波斯特
反映 [德]汉斯·海因茨·霍尔茨
为什么是阿甘本? [英]亚历克斯·默里

未来思想导论:关于马克思和海德格尔 [法]科斯塔斯·阿克塞洛斯

无尽的焦虑之梦:梦的记录(1941—1967)附《一桩两人共谋的凶杀案》(1985) [法]路易·阿尔都塞

经典补遗系列

卢卡奇早期文选 [匈]格奥尔格·卢卡奇

胡塞尔《几何学的起源》引论 [法]雅克·德里达

黑格尔的幽灵——政治哲学论文集[Ⅰ] [法]路易·阿尔都塞

语言与生命 [法]沙尔·巴依

意识的奥秘 [美]约翰·塞尔

论现象学流派 [法]保罗·利科

脑力劳动与体力劳动:西方历史的认识论 [德]阿尔弗雷德·索恩-雷特尔

黑格尔 [德]马丁·海德格尔

黑格尔的精神现象学 [德]马丁·海德格尔

生产运动:从历史统计学方面论国家和社会的一种新科学的基础的建立 [德]弗里德里希·威廉·舒尔茨

先锋派系列

先锋派散论——现代主义、表现主义和后现代性问题 [英]理查德·墨菲

诗歌的先锋派:博尔赫斯、奥登和布列东团体 [美]贝雷泰·E. 斯特朗

情境主义国际系列

日常生活实践 1. 实践的艺术 [法]米歇尔·德·塞托

日常生活实践 2. 居住与烹饪 [法]米歇尔·德·塞托 吕斯·贾尔 皮埃尔·梅约尔

日常生活的革命 [法]鲁尔·瓦纳格姆

居伊·德波——诗歌革命 [法]樊尚·考夫曼

景观社会 [法]居伊·德波

当代文学理论系列

怎样做理论 [德]沃尔夫冈·伊瑟尔
21世纪批评述介 [英]朱利安·沃尔弗雷斯
后现代主义诗学：历史·理论·小说 [加]琳达·哈琴
大分野之后：现代主义、大众文化、后现代主义 [美]安德列亚斯·胡伊森
理论的幽灵：文学与常识 [法]安托万·孔帕尼翁
反抗的文化：拒绝表征 [美]贝尔·胡克斯
戏仿：古代、现代与后现代 [英]玛格丽特·A.罗斯
理论入门 [英]彼得·巴里
现代主义 [英]蒂姆·阿姆斯特朗
叙事的本质 [美]罗伯特·斯科尔斯　詹姆斯·费伦　罗伯特·凯洛格
文学制度 [美]杰弗里·J.威廉斯
新批评之后 [美]弗兰克·伦特里奇亚
文学批评史：从柏拉图到现在 [美]M.A.R.哈比布
德国浪漫主义文学理论 [美]恩斯特·贝勒尔
萌在他乡：米勒中国演讲集 [美]J.希利斯·米勒
文学的类别：文类和模态理论导论 [英]阿拉斯泰尔·福勒
思想絮语：文学批评自选集（1958—2002）[英]弗兰克·克默德
叙事的虚构性：有关历史、文学和理论的论文（1957—2007）[美]海登·怀特
21世纪的文学批评：理论的复兴 [美]文森特·B.里奇

核心概念系列

文化 [英]弗雷德·英格利斯
风险 [澳大利亚]狄波拉·勒普顿

学术研究指南系列

美学指南 [美]彼得·基维
文化研究指南 [美]托比·米勒
文化社会学指南 [美]马克·D. 雅各布斯　南希·韦斯·汉拉恩
艺术理论指南 [英]保罗·史密斯　卡罗琳·瓦尔德

《德意志意识形态》与文献学系列

梁赞诺夫版《德意志意识形态·费尔巴哈》[苏]大卫·鲍里索维奇·梁赞诺夫
《德意志意识形态》与 MEGA 文献研究　[韩]郑文吉
巴加图利亚版《德意志意识形态·费尔巴哈》[俄]巴加图利亚
MEGA：陶伯特版《德意志意识形态·费尔巴哈》　[德]英格·陶伯特

当代美学理论系列

今日艺术理论 [美]诺埃尔·卡罗尔
艺术与社会理论——美学中的社会学论争 [英]奥斯汀·哈灵顿
艺术哲学：当代分析美学导论 [美]诺埃尔·卡罗尔
美的六种命名 [美]克里斯平·萨特韦尔
文化的政治及其他 [英]罗杰·斯克鲁顿

现代日本学术系列

带你踏上知识之旅 [日]中村雄二郎　山口昌男
反·哲学入门 [日]高桥哲哉
作为事件的阅读 [日]小森阳一
超越民族与历史 [日]小森阳一　高桥哲哉

现代思想史系列

现代化的先驱——20 世纪思潮里的群英谱 [美]威廉·R. 埃弗德尔

现代哲学简史 [英]罗杰·斯克拉顿
美国人对哲学的逃避：实用主义的谱系 [美]康乃尔·韦斯特

视觉文化与艺术史系列

可见的签名 [美]弗雷德里克·詹姆逊
摄影与电影 [英]戴维·卡帕尼
艺术史向导 [意]朱利奥·卡洛·阿尔甘　毛里齐奥·法焦洛
电影的虚拟生命 [美]D. N. 罗德维克
绘画中的世界观 [美]迈耶·夏皮罗
缪斯之艺：泛美学研究 [美]丹尼尔·奥尔布赖特
视觉艺术的现象学 [英]保罗·克劳瑟

当代逻辑理论与应用研究系列

重塑实在论：关于因果、目的和心智的精密理论 [美]罗伯特·C.孔斯
情境与态度 [美]乔恩·巴威斯　约翰·佩里
逻辑与社会：矛盾与可能世界 [美]乔恩·埃尔斯特
指称与意向性 [挪威]奥拉夫·阿斯海姆
说谎者悖论：真与循环 [美]乔恩·巴威斯　约翰·埃切曼迪

波兰尼意会哲学系列

认知与存在：迈克尔·波兰尼文集 [英]迈克尔·波兰尼
科学、信仰与社会 [英]迈克尔·波兰尼

现象学系列

伦理与无限：与菲利普·尼莫的对话 [法]伊曼努尔·列维纳斯

新马克思阅读系列

政治经济学批判：马克思《资本论》导论 [德]米夏埃尔·海因里希

图书在版编目(CIP)数据

无尽的焦虑之梦：梦的记录：1941-1967：附《一桩两人共谋的凶杀案》：1985 /（法）路易·阿尔都塞著；（法）奥利维耶·科尔佩，（法）扬·穆利耶·布唐编；曹天羽译. — 南京：南京大学出版社，2021.3(2022.3重印)
（当代学术棱镜译丛 / 张一兵主编）
ISBN 978-7-305-23702-7

Ⅰ.①无… Ⅱ.①路… ②奥… ③扬… ④曹… Ⅲ.①梦－精神分析 Ⅳ.①B845.1

中国版本图书馆 CIP 数据核字(2020)第 167123 号

Originally published in France as:
DES RÊVES D'ANGOISSE SANS FIN, Récits de rêves (1941-1967) Suivi de UN MEURTRE À DEUX (1985) by Louis Althusser
© Editions Grasset & Fasquelle et IMEC, 2015.
Current Chinese translation rights arranged through Divas International，Paris 巴黎迪法国际.
Simplified Chinese translation copyright © 2021 by NJUP

江苏省版权局著作权合同登记　图字：10-2015-524 号

出版发行	南京大学出版社
社　　址	南京市汉口路 22 号　邮　编　210093
出 版 人	金鑫荣
丛 书 名	当代学术棱镜译丛
书　　名	无尽的焦虑之梦：梦的记录(1941—1967)附《一桩两人共谋的凶杀案》(1985)
著　者	[法]路易·阿尔都塞
编　者	[法]奥利维耶·科尔佩　[法]扬·穆利耶·布唐
译　者	曹天羽
特约审订	吴子枫
责任编辑	张　静
照　　排	南京南琳图文制作有限公司
印　　刷	江苏凤凰通达印刷有限公司
开　　本	635×965　1/16　印张 14.25　字数 163 千
版　　次	2021 年 3 月第 1 版　2022 年 3 月第 2 次印刷
ISBN 978-7-305-23702-7	
定　　价	49.00 元

网址：http://www.njupco.com
官方微博：http://weibo.com/njupco
官方微信号：njupress
销售咨询热线：(025) 83594756

＊版权所有，侵权必究
＊凡购买南大版图书，如有印装质量问题，请与所购图书销售部门联系调换